职业教育教学改革系列教材

总主编◎罗　筠

工程地质

主　编◎罗　筠

副主编◎常星星

编　委◎张用林

西南交通大学出版社

·成　都·

图书在版编目（CIP）数据

工程地质 / 罗筠主编. —成都：西南交通大学出版社，2020.9
ISBN 978-7-5643-7610-9

Ⅰ. ①工… Ⅱ. ①罗… Ⅲ. ①工程地质－高等职业教育－教材 Ⅳ. ①P642

中国版本图书馆 CIP 数据核字（2020）第 165183 号

Gongcheng Dizhi
工程地质

主编 罗 筠

责任编辑	姜锡伟
助理编辑	韩洪黎
封面设计	何东琳设计工作室
出版发行	西南交通大学出版社 （四川省成都市金牛区二环路北一段 111 号 西南交通大学创新大厦 21 楼）
邮政编码	610031
发行部电话	028-87600564 028-87600533
网址	http://www.xnjdcbs.com
印刷	四川煤田地质制图印刷厂
成品尺寸	185 mm × 260 mm
印张	12
字数	255 千
版次	2020 年 9 月第 1 版
印次	2020 年 9 月第 1 次
定价	48.00
书号	ISBN 978-7-5643-7610-9

课件咨询电话：028-81435775

职业教育教学改革系列教材编委会

前言

PREFACE

大地表面的岩石和土，与人类的工程行为密切相关。土木工程涉及的工作范围是在地表或地下一定深度，对于从事土木工程行业的人来说，工程地质是一门重要的专业基础课。本书为适应目前大土木工程专业发展的需要，系统地介绍了工程地质的基本原理和分析方法，同时注重基本概念的阐述，强调基本原理的工程应用。本书还着重介绍了各类岩、土的工程性质，几种不良地质现象的工程地质问题及其在公路、桥梁、工业与民用建筑等工程中的防治措施。

本书以工程地质理论知识介绍和地质现象认知为主，实践教学部分在配套指导书《土木工程实训指导（上册）》中详细讲解，本书与配套指导书一起使用，教学效果更好。本书编写大纲和展现形式由贵州交通技师学院罗筠总体负责完成，具体编写由贵州交通技师学院常星星、张用林等负责完成，其中项目一至项目四为常星星编写，项目五为张用林编写。

本书的编写依托了作者的国家精品课程《公路工程地质》相关资源，同时教材编写组通过对相关企业、高职院校和中职学校的调研，确定了本教材的编写内容。在编写过程中，编写组参考了大量的教材、著作、技术规范、论文及其他资料，在此对相关作者表示感谢。特别是对认真细致工作的本书编辑及相关工作人员，一并表示衷心的感谢。

由于编者水平有限，编写时间比较仓促，书中不妥之处在所难免，恳请大家批评指正。

罗　筠

2019 年 9 月

目录

CONTENT

《工程地质》在线答题

绪 论

工程地质学是一门关于地球表面工程活动的科学。它的主要研究对象是地球的固体表层——地壳，研究内容主要有以下五个方面：① 研究地壳的物质组成，研究这方面内容的分支学科有矿物学、岩石学、地球化学等；② 研究地壳及地球的构造特征，即研究岩石或岩石组合的空间分布，研究这方面内容的分支学科有构造地质学、区域地质学、地球物理学等；③ 研究地球的历史以及栖居在地质时期的生物及其演变，研究这方面问题的分支学科有古生物学、地史学、岩相古地理学等；④ 地质学的研究方法与手段的研究，涉及的学科有同位素地质学、数学地质及遥感地质学等；⑤ 研究应用地质学的理论和方法解决工程灾害防治等问题。

工程地质学研究的目的是查明各类工程场区的地质条件，对场区及其有关的各种地质问题进行综合评价，分析、预测在工程建筑作用下地质条件可能出现的变化和所起的作用，选择最优场地，并提出解决不良地质问题的工程措施，为保证工程的合理设计、顺利施工及正常使用提供科学依据。

工程地质学的具体研究任务主要有以下五个方面：① 阐明建筑地区的工程地质条件，并指出对建筑物有利和不利的因素。② 论证建筑物所存在的工程地质问题，进行定性和定量评价，作出确定的结论。③ 选择地质条件优良的建筑场址，并根据场址的地质条件合理配置各个建筑物。④ 研究工程建筑物兴建后对地质环境的影响，预测其发展演化趋势，并提出对地质环境合理利用和保护的建议。⑤ 根据建筑物场址具体地质条件，提出有关建筑物类型、规模、结构和施工方法的合理建议，以及保证建筑物正确使用所注意的地质要求。

工程地质条件是工程建筑物所在地区地质环境各项因素的综合，具体包括以下六个方面：

① 地层岩土的工程性质：包括成因、岩性、成岩作用特点、变质程度、风化特征，以及物理力学性质等。

② 地质构造：包括褶皱、断层、节理构造的分布和特征。

③ 水文地质条件：包括地表水和地下水的成因、埋藏、分布、动态变化和化学成分等。

④ 地表地质作用：主要包括滑坡、崩塌、岩溶、泥石流、河流冲刷、沉积和风化等。

⑤ 地形地貌：地形是指地表高低起伏状况、山坡陡缓程度与沟谷宽窄及形态特征等；地貌是指地形形成的原因、过程和时代。它们都会影响建筑场地和线路的选择。

⑥ 天然建筑材料：建筑材料的分布、类型、品质、开采条件、储量及运输条件等。

项目一　矿物与岩石

项目概述

- 本项目包括 4 个学习任务：矿物、岩浆岩、沉积岩、变质岩。
- 要求通过学习掌握主要造岩矿物的物理性质、三大岩石的鉴定方法。

学习目标

项目名称	任务分解	知识点
项目一 矿物与岩石	矿物	矿物基本概念
		矿物物理性质
		主要造岩矿物及鉴定特征
	岩浆岩	岩浆岩基本概念
		岩浆岩结构构造
		主要岩浆岩的鉴定特征
	沉积岩	沉积岩基本概念
		沉积岩结构构造
		主要沉积岩的鉴定特征
	变质岩	变质岩基本概念
		变质岩结构构造
		主要变质岩的鉴定特征

任务一　矿　物

【任务目标】

（1）掌握矿物的物理性质。

（2）掌握主要矿物物理性质鉴定特征。

【任务学习引领】

（1）矿物的定义是什么？

（2）矿物的物理性质有哪些？

【学生活动】

（1）仔细阅读任务知识点，对重要知识点（矿物物理性质）做好标记。

（2）分小组制作矿物物理性质手抄报。（体现矿物标本及主要知识点）

【任务知识点】

一、矿物的基本概念

矿物都是天然的，它们是具有一定的化学成分，原子的排列也有一定规则的晶体，是自然界中的化学元素在一定的物理化学条件下形成的单质和化合物。

大多数矿物表现为自然形态的化合物，如石英（SiO_2）、方解石（$CaCO_3$）等。少数矿物以自然元素的形态出现，如天然硫（S）、金（Au）等，如图 1-1-1 所示。

（a）石英

（b）方解石

（c）金

图 1-1-1　常见矿物

矿物是组成岩石的基本单位，世界上有三千多种矿石，其中构成岩石的矿物有三十余种。它们在岩石中经常出现，明显影响着岩石性质，对鉴别岩石种类起主要作用，这类矿物称为造岩矿物。地壳中的矿物是通过各种地质作用形成的，绝大多数都呈固态（如石英、长石、云母），个别以气态（如二氧化碳和硫化氢）或液态（如汞）存在。

矿物在不同环境中还会受到破坏或变成新的矿物。例如阳光、风、水以及地质变化使矿物受到高温高压等，都可以使某些矿物分解，分解后的物质又可能在另外的环境中与其他物质再次形成新矿物。因此，自然界中的矿物按其成因可分为三大类型，如表 1-1-1 所示。一般情况也可以根据矿物的定名大概知道它是属于哪一类矿物，如表 1-1-2 所示。

表 1-1-1　矿物按成因分类

矿物的类型	矿物形成的原因	举　例
原生矿物	岩浆融体经冷凝结晶所形成的矿物	如石英、长石等
次生矿物	原生矿物遭受化学风化形成的新矿物	如正长石经水解后形成的高岭石
变质矿物	已经形成的矿物在变质过程中形成的新矿物	如变质结晶片岩中的蓝晶石和十字石等

表 1-1-2　矿物定名的一般规律

矿物类型	定　名	举　例
玻璃样光泽的矿物	定名为某某石	如金刚石、方解石、萤石
具有金属光泽或能从中提炼出金属的矿物	定名为某某矿	如黄铁矿、方铅矿（见图 1-1-2a）
玉石类矿物	定名为某某玉	如刚玉、硬玉、黄玉
硫酸盐矿物	定名为某某矾	如胆矾（见图 1-1-2b）、铅矾
地表上松散的矿物	定名为某某华	如砷华（见图 1-1-2c）、钨华

（a）方铅矿　　（b）胆矾　　（c）砷华

图 1-1-2　矿物类型

二、矿物的物理性质

矿物的物理性质包括形态、颜色、条痕（粉末）色、光泽、透明度、解理和断口、硬度等，都是肉眼鉴定矿物的重要依据。

（一）矿物的形态

矿物的形态指矿物单体、矿物规则连生体及同种矿物集合体的形态。矿物的形态有单体形态和集合体形态之分。

1. 单体形态

由于矿物具一定的化学成分和结晶构造，在适宜的条件下，可形成具有一定外形的几何多面体，称为晶体。完好晶体的自然表面称晶面，它相当于结晶格架上质点较密集或联结力较强的网面。晶体的形态称为晶形，各种矿物都有其独特的晶形，它是鉴别矿物的重要依据之一。尽管矿物的晶形多种多样，但归纳起来，矿物单体晶形可分为三种类型，如表 1-1-3 所示。

表 1-1-3　矿物单体形态

形态类型	特　征	图　例	
一向延长型	呈柱状或针状，如石英、辉锑矿、角闪石	 辉锑矿	 角闪石
二向延长型	呈片状或板状，如石膏、云母	 石膏	 云母
三向等长型	呈粒状，如黄铁矿、银铜氯铅矿	 黄铁矿	 银铜氯铅矿

2. 集合体形态

自然界的地质条件较为复杂，呈完好晶形以单体产出的矿物较少，绝大多数矿物都是以多个单体聚合在一起产出，同种矿物的许多个单体聚合在一起形成的整体称为矿物集合体。

（1）晶质矿物集合体形态。

根据集合体中矿物颗粒大小可分为两类，即肉眼或放大镜可辨认矿物颗粒界限的显晶集合体和只能在显微镜下辨认出矿物单体的隐晶集合体。

显晶集合体形态多取决于矿物单体的形态和它们的集合方式，如柱状和针状集合体是柱状或针状单体的不规则聚合体；纤维状集合体是由针状单体大致平行密集排列而成；放射状集合体是柱状或针状单体，少数可为片状单体，以一点为中心向外呈放射状排列而成；片状或板状集合体是片状或板状单体的不规则聚合体；粒状集合体是三向等长的单体的不规则聚合体；最典型且最常见的集合体是石英的晶簇状集合体，所谓晶簇是指若干个晶体在共同的基座上丛生在一起，且其中发育最好的晶体与基底近于垂直的单晶体群。

隐晶集合体是用放大镜也看不见单体界限的集合体，按其紧密程度可分为致密块状和疏松块状（土状）集合体，如表 1-1-4 所示。

表 1-1-4　隐晶集合体形态

形态类型	特　征	图　例
致密块状	矿物晶粒十分细小，肉眼不易分辨，显示出十分致密的样子，称为致密块状集合体。许多玉石就是由一些矿物的致密块状集合体构成，如软玉是透闪石的致密块状集合体，岫玉是蛇纹石的致密块状集合体	 岫玉
疏松块状（土状）	土状单体矿物已看不清楚，常呈疏松粉末状，由此类矿物聚集而成的集合体称为土状集合体，如高岭石	 高岭石

（2）非晶质矿物的形态。

非晶质矿物没有一定的晶形，它的颗粒在显微镜下也难以辨认，主要是根据外表形态或形成方式来进行分类，常见的非晶质矿物有以下几类：

分泌体：在岩石中形状不规则或球状的空洞，被胶体等物质由洞壁向中心逐层沉淀填充而成，其平均直径大于 1 cm 的，叫晶腺，小于等于 1 cm 的叫杏仁体。例如玛瑙是二氧化硅胶体物质在晶腺中周期性扩散所造成的环带。

结核体：是围绕某一核心（砂粒、碎片等）自内向外逐渐生长而成的球状体，内部常为同心状构造，多为胶状成因。直径小于 2 mm 的球状结核体大小如鱼卵的称为鲕状体，直径大如豌豆（2 ~ 5 mm）的称为豆状体，如鲕状豆状赤铁矿、鲕状石灰岩等。

钟乳状集合体：是由同一基底逐层向外生长而成，呈圆锥形或圆柱形等形态的矿物集合体。通常由胶体凝聚或溶液蒸发逐渐沉积而成，如石灰岩溶洞中的钟乳石和石笋（均为方解石）等。

此外，还有葡萄状集合体（外形犹如成串的葡萄，如硬锰矿），肾状集合体（外形为半椭球体）等。当非晶质矿物的集合体无一定外形且较致密时称为块状集合体，呈松散粉末状时称为粉末状集合体，如高岭石。

（二）颜　色

颜色是由于矿物吸收可见光后而产生的，根据产生的原因可分为自色、他色和假色三种。

1. 自　色

自色是矿物自身所固有的颜色，如图 1-1-3 所示。

（a）磁铁矿的铁黑色

（b）赤铁矿的赤红色

（c）自然硫的硫黄色

图 1-1-3　矿物自色

2. 他　色

天然环境下矿物生成时容易混入其他杂质，从而改变固有颜色，称为他色。例如石英是无色透明的，含碳时呈烟灰色，含锰时呈紫色，含铁时呈玫瑰色，如图 1-1-4 所示。

（a）烟灰色石英

（b）紫色石英

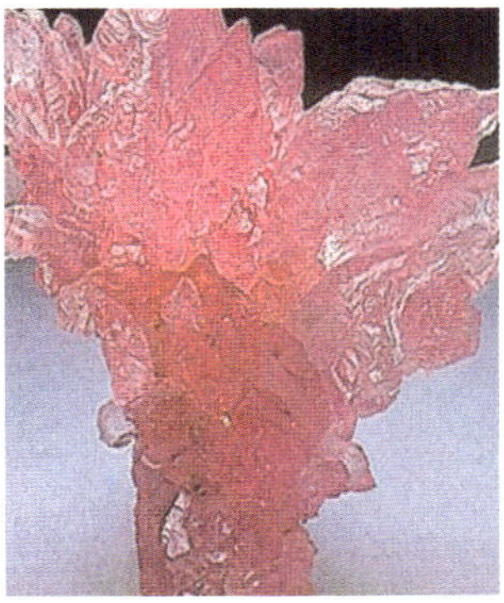

（c）玫瑰色石英

图 1-1-4　矿物他色

3. 假　色

假色是由于矿物内部的裂隙或表面的氧化膜对光的折射和散射造成的。例如黄铜矿表面因氧化薄膜所引起的错色——蓝、紫混杂的斑驳色彩（见图 1-1-5）；冰洲石内部的裂隙所引起的错色——红、蓝、绿、黄混杂的斑驳色彩。

图 1-1-5　**黄铜矿表面因氧化薄膜所引起的假色**

（三）条痕（粉末）色

条痕（粉末）色是矿物在条痕板（白瓷板）上擦划后留下的痕迹（实际是矿物的粉末）的颜色。由于它消除了假色，减低了他色，因而比矿物颗粒的颜色更为固定，因此可用来鉴定矿物。例如黄铜矿与黄铁矿，外表颜色近似，但黄铜矿的条痕颜色为带绿的黑色，而黄铁矿的条痕颜色为黑色，据此可以区别它们。另外，同种矿物有时可出现不同的颜色，如块状赤铁矿，有的为黑色，有的为红色，但它们的条痕颜色都是蟹红色（或鲜猪肝色），如图 1-1-6 所示。

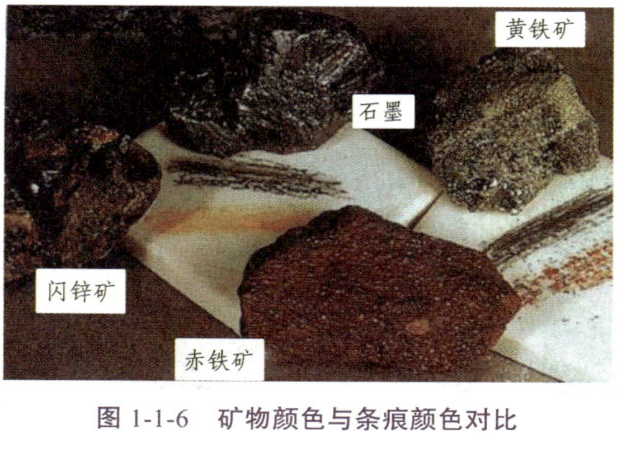

图 1-1-6　**矿物颜色与条痕颜色对比**

（四）光　泽

矿物的光泽是指矿物表面对可见光的反射能力，如表 1-1-5 所示。

表 1-1-5　矿物的不同光泽

序　号	光　泽	描　述	举　例
1	金属光泽	犹如一般的金属磨光面那样的光泽	如黄铁矿、方铅矿的光泽
2	半金属光泽	如同一般未经磨光的金属表面的那种光泽	如磁铁矿的光泽
3	金刚光泽	像钻石金刚石所呈现的那种光泽	如金刚石、闪锌矿的光泽
4	玻璃光泽	像普通平板玻璃所呈现的那种光泽	如石英、方解石的光泽
5	油脂光泽	如同油脂面上见到的那种光泽	如石英断口为油脂光泽
6	珍珠光泽	在解理面上看到那种像贝壳凹面上呈现的柔和而多彩的光泽	如白云母、滑石等
7	丝绢光泽	具有像蚕丝或丝织品那样的光泽	如石棉、纤维石膏等

（五）透　明

矿物允许可见光透过的程度，称为矿物的透明度。

透明度的衡量是以矿物薄片为 0.03 mm 厚度为标准，通常在矿物碎片边缘观察。根据所见物体的清晰程度，可将矿物的透明度分为透明、半透明和不透明三种，如表 1-1-6 所示。

表 1-1-6　矿物透明度分类

矿物透明度	描　述	图　例
透明	隔着矿物的薄片可以清晰地看到另一侧的物体的轮廓细节，如石英、长石、方解石等	 方解石
半透明	隔着这种矿物的薄片能够看到另一侧有物体存在，但分辨不清轮廓，如辰砂、雄黄等	 辰砂
不透明	矿物基本上不允许可见光透过，如磁铁矿、石墨等	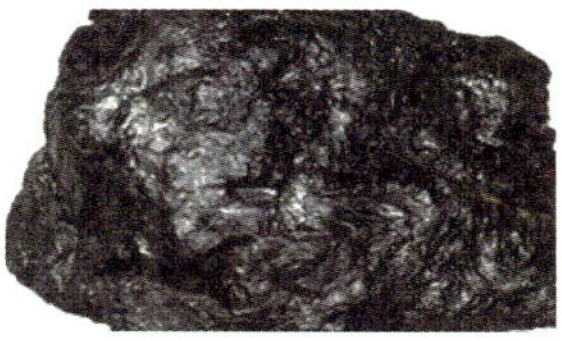 石墨

（六）解理和断口

1. 解　理

矿物晶体在外力作用下，沿着一定的结晶方向破裂成一系列光滑平面的性质，叫作解理。由于同种矿物的解理方向和完好程度总是相同的，性质很固定，因此，解理是宝石矿物的重要鉴定特征。不同矿物的解理，可能有一个方向，也可能有多个方向。

解理可分为极完全解理、完全解理、中等解理、不完全解理、极不完全解理（无解理）。

① 极完全解理：晶体极易裂成薄片，解理面较大而平整光滑，如云母、透石膏、石墨等。

② 完全解理：极易裂成平滑小块或薄板，解理面相当光滑，如方解石（见图 1-1-7），石盐、方铅矿等。

③ 中等解理：解理面往往不能一劈到底，不太光滑，且不连续，常呈现小阶梯状，如普通角闪石、普通辉石、蓝晶石等。

④ 不完全解理：解理程度很差，在大块矿物上很难看到解理，只在细小的碎块上才可看到不清晰的解理面，如磷灰石、橄榄石等。

⑤ 极不完全解理（无解理）：如石英、磁铁矿、石榴子石、黄铁矿等。

图 1-1-7　方解石的解理

2. 断　口

具极不完全解理的矿物，它们受外力打击后，都会发生无一定方向的破裂。断口的发育程度与解理的完善程度呈互为消长的关系，解理完全者往往无断口，断口发育者常常无解理或具极不完全解理。断口按其断裂后的形态可分为以下 4 种：

（1）贝壳状断口：呈椭圆形的光滑曲面，和贝壳相似，如石英的断口（见图 1-1-8）。

（2）锯齿状断口：呈尖锐锯齿状，如自然铜的断口。

（3）纤维状断口：呈纤维丝状，如石棉的断口。

（4）参差状断口：呈参差不平的形状，如磷灰石的断口，大多数矿物具有这种断口。

图 1-1-8　石英的断口

（七）硬　度

矿物的硬度是指矿物抵抗刻划、压入或研磨能力的大小。国际莫氏硬度计用 10 种矿物来衡量世界上最硬和最软的物体，如表 1-1-7 所示。

表 1-1-7　莫氏硬度和对应矿物名称

硬　度	1°	2°	3°	4°	5°	6°	7°	8°	9°	10°
矿物名称	滑石	石膏	方解石	萤石	磷灰石	长石	石英	黄玉	刚玉	金刚石

利用莫氏硬度计测定矿物硬度的方法很简单。将预测矿物与莫氏硬度计中的标准矿物互相刻划，然后相比较来确定。例如，某一矿物能划动方解石，说明其硬度大于方解石，但又能被萤石所划动，说明其硬度小于萤石，则该矿物的硬度为 3 到 4 之间，可写成 3 ~ 4；再如黄铁矿能轻微刻伤正长石，但不能刻伤石英，而本身却能被石英所刻伤，因此黄铁矿的莫氏硬度为 6 ~ 6.5。

在野外可用指甲（2 ~ 2.5）、小刀（5 ~ 5.5）、瓷器碎片（6 ~ 6.5）、石英（7）等进行粗略的硬度测定。在测定矿物硬度时，必须在纯净、新鲜的单个矿物晶体（晶粒）上进行，因为风化、裂隙、杂质以及集合体方式等因素会影响矿物的硬度。风化后的矿物硬度一般会降低，而裂隙及杂质的存在，会影响矿物内部的连接能力，也会使矿物硬度降低。集合体如呈细粒状、土状、粉末状或纤维状，则很难精确确定单体的硬度。因此，测试矿物硬度要尽量在颗粒大的单体新鲜面上进行。

三、主要造岩矿物及鉴定特征

主要造岩矿物的性质及鉴定特征如表 1-1-8 所示。

表 1-1-8　主要造岩矿物的物理性质简介

矿物名称及成分	形　状	颜　色	光　泽	硬　度	解理及断口	主要鉴定特征
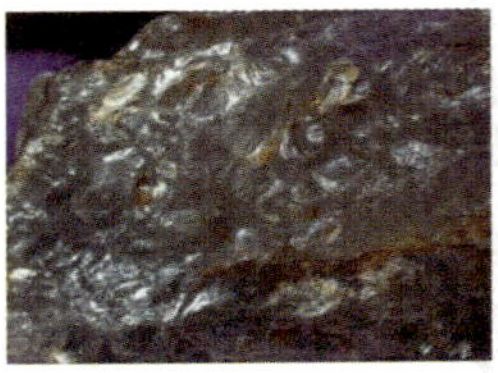 石英 SiO_2	纯净的晶体为六方双锥，一般为致密块状或粒状集合体	纯净晶体无色透明，一般为白色、乳白色或其他颜色	晶面玻璃光泽，断口油脂光泽	7	无解理，贝壳状断口	形状，硬度
 正长石 $K(AlSi_3O_8)$	单晶为柱状或板柱状，集合体为块状或粒状	肉红或浅玫瑰色	玻璃光泽	6	二组正交解理，粗糙状断口	颜色，解理
 斜长石 $Na(AlSi_3O_8)$， $Ca(Al_2Si_2O_8)$	单晶为板状或板条状，集合体为粒状	白色或灰色	玻璃光泽	6 ~ 6.5	二组解理，交角 86°，粗糙状断口	颜色，解理面有细条纹
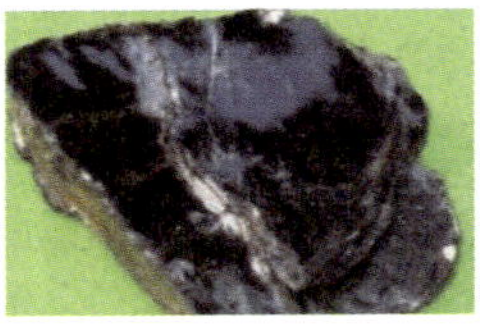 黑云母 $K(Mg，Fe)_3(AlSi_3O_{10})(OH，F)_2$	单晶为板状、短柱状，横截面为六边形	棕褐、棕黑或黑色	玻璃光泽或珍珠光泽	2.5 ~ 3	一组极完全解理	颜色，解理薄片有弹性

续表

矿物名称及成分	形状	颜色	光泽	硬度	解理及断口	主要鉴定特征
 角闪石 $(Ca, Na)_{2\sim3}(Ma, Fe, Al)_5$, $[Si_6(Si, Al)_2O_{22}](OH, F)_2$	单晶为长柱或针状，集合体为粒状或块状	绿黑色或黑色	玻璃光泽	5 ~ 6	二组平行柱状完全解理，交角为56°	形状，颜色
 白云石 $CaMg(CO_3)_2$	单晶为菱形六面体，集合体为粒状或块状	纯净为白色，一般为浅黄、灰褐色	玻璃光泽	3.5 ~ 4	三组完全解理，但解理面常弯曲不平	解理，硬度，晶面弯曲，遇稀盐酸微弱起泡，滴镁试剂变蓝
 滑石 $Mg_3(Si_4O_{10})(OH)_2$	单晶少见，集合体为块状、片状或鳞片状	白色、浅黄、浅褐色	解理面珍珠光泽，断口蜡状光泽	1	一组完全解理	颜色，硬度，有滑感，薄片可弯曲有挠性、无弹性
 石膏 $CaSO_4 \cdot 2H_2O$	单晶多为板状，集合体一般为纤维状或块状	纯净者无色透明，一般为白色、灰白	玻璃光泽或丝绢光泽	2	一组完全解理	硬度，解理
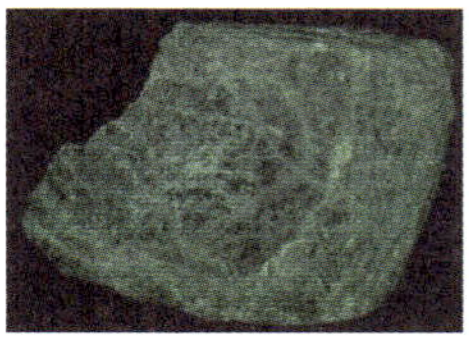 辉石 $(Ca, Mg, Fe, Al)_2[(Si, Al)_2O_6]$	单晶为短柱或粒状，集合体为块状	黑褐色或黑色	玻璃光泽	5.5 ~ 6	二组完全解理，交角87°	形状，颜色

续表

矿物名称及成分	形状	颜色	光泽	硬度	解理及断口	主要鉴定特征
 高岭石 $Al_4(Si_4O_{10})(OH)_8$	单晶极小，肉眼不可见，集合体为土状、块状	纯净为白色，一般为浅灰、浅黄色	土状光泽或蜡状光泽	1～2	一组完全解理	性软，粘舌，有可塑性
 橄榄石 $(Mg, Fe)_2SiO_4$	晶体为短柱状，集合体为粒状	浅黄绿至橄榄绿	晶面玻璃光泽，断口油脂光泽	6～7	无解理，贝壳状断口	颜色，硬度
 蒙脱石 $(Al, Mg)_2(Si_4O_{10})(OH)_2 \cdot nH_2O$	单晶极小，肉眼不可见，集合体为土状、块状、鳞片状	白色、浅灰、粉色、浅绿色	土状光泽或蜡状光泽	1～2	鳞片状集合体有一组完全解理	性软，滑腻感，吸水膨胀数倍
 黄铁矿 FeS_2	单晶为立方体，集合体为粒状或块状	浅铜黄色	强金属光泽	6～6.5	无解理，参差状断口	形状，颜色，光泽
 黄铜矿 $CuFeS_2$	为四面体状，多呈不规则粒状及致密块状集合体	铜黄色，表面常有蓝、紫褐色的斑状锖色	金属光泽，不透明	3～4		条痕为微带绿的黑色。它是炼铜的主要原料，具导电性

矿物名称及成分	形　状	颜　色	光　泽	硬　度	解理及断口	主要鉴定特征
 萤石	块状、粒状集合体，或立方体	颜色多样，有紫红、蓝、绿和无色等	透明、玻璃光泽	4	解理好，易沿解理面破裂成八面体小块	对红外线、紫外线的透过性能高，适合做光学元件
 方解石 $CaCO_3$	有粒状、块状、纤维状、钟乳状、土状等	透明无色或白色，有时含杂色	玻璃光泽	3	三组极完全解理	遇稀盐酸剧烈起泡，非常纯净完全透明的晶体称为冰洲石
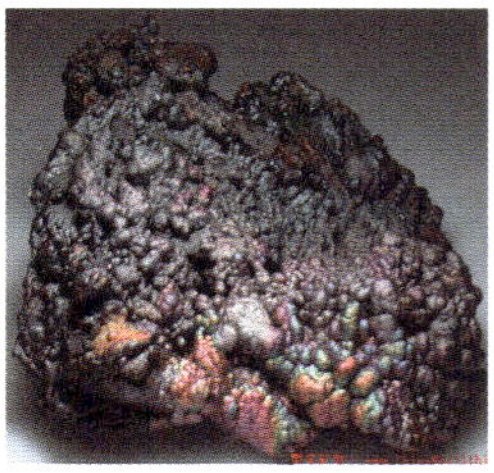 赤铁矿 Fe_2O_3	板状、有时呈薄片状或葡萄状	青灰色，条痕樱桃红色至红褐色	金属光泽至灰暗光泽	5 ~ 6	无解理，断口呈贝壳状至参差状	

习　题

（1）下列不属于矿物物理性质的有（　　）。

A 颜色　　B. 形态　　C. 硬度　　D. 光度

（2）下列哪一种矿物主要鉴定特征可采用颜色来判定（　　）。

A. 石英　　B. 方解石　　C. 高岭石　　D. 辉石

（3）矿物是组成岩石的（　　）。

A. 基本单位　　B. 单位　　C. 基本物质　　D. 物质

（4）关于矿物的理解下列哪种叙述是不正确的（　　）。

A. 矿物解理的完全程度和断口是互相消长的

B. 矿物解理完全时则不显断口

C. 矿物解理不完全或无解理时，则断口显著

D. 矿物解理完全时则断口显著

（5）下列不属于测定矿物硬度方法是（　　）。

A. 指甲、小刀　　B. 利用莫氏硬度计测定

C. 观察法　　D. 瓷器碎片

任务二　岩浆岩

【任务目标】

（1）掌握岩浆岩的成因、成分、结构和构造。

（2）掌握主要岩浆岩鉴别特征。

【任务学习引领】

（1）岩浆岩的定义是什么？

（2）岩浆岩是怎么形成的？

（3）岩浆岩结构和构造类型有哪些？

【学生活动】

（1）仔细阅读任务知识点，对重要知识点做好标记。

（2）以小组为单位鉴别10种以上主要岩浆岩特征，并形成图文。

【任务知识点】

一、岩浆岩的基本概念

在岩浆作用后期，岩浆在地壳或者地表逐渐冷却凝固所形成的岩石，称为岩浆岩。它是来自地球内部的熔融物质，在不同地质条件下冷凝固结而成的岩石，如图1-2-1所示。熔浆由火山通道喷溢出地表凝固形成的岩石，称喷出岩或称火山岩。常见的火山岩有玄武岩、安山岩和流纹岩等。当熔岩上升未达地表而在地壳一定深度凝结而形成的岩石称侵入岩，按侵入部位不同又分为深成岩和浅成岩。花岗岩、辉长岩、闪长岩是典型的深成岩，花岗斑岩、辉长玢岩和闪长玢岩是常见的浅成岩。

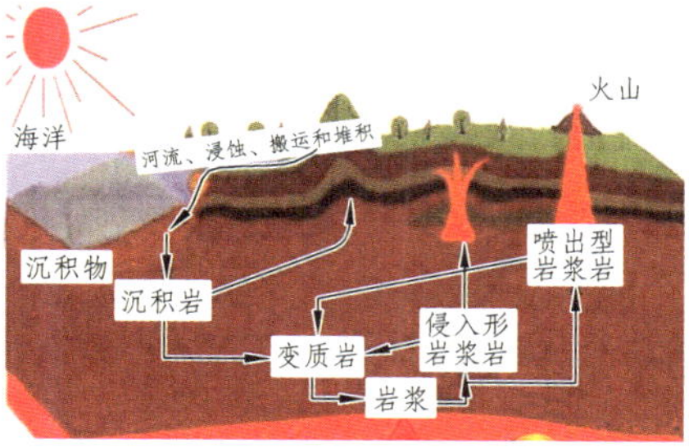

(a)地壳的物质组成和物质循环

(b)火山口

(c)喷出地表的岩浆

图 1-2-1　岩浆岩

(一)岩浆岩的矿物成分

根据其化学成分特点分成硅铝矿物和铁镁矿物两大类，如表 1-2-1 所示。

表 1-2-1　岩浆岩按化学成分分类

分　类	图　例
硅铝矿物(又称浅色矿物)：SiO_2 和 Al_2O_3 含量高，不含 Fe、Mg，如石英、长石	
铁镁矿物(又称暗色矿物)：FeO、MgO 较多，SiO_2 和 Al_2O_3 较少，如橄榄石、辉石类及黑云母类矿物	
绝大多数的岩浆岩是由浅色矿物和暗色矿物组成	

根据矿物的含量可将矿物分成主要矿物、次要矿物和副矿物。主要矿物在岩石中含量较多，例如花岗岩类的主要矿物是石英和钾长石；次要矿物在岩石中含量较少；副矿物在岩石中含量最少，通常不到 1%，个别情况下可达 5%。

（二）岩浆岩的形成

地球内部产生的部分或全部呈液态的高温熔体称为岩浆，温度一般在 7 000～12 000℃。岩浆一般发生于地下数千米到数十千米，在岩石的强大压力下，喷发到地表，从而形成岩浆岩。岩浆岩主要有侵入和喷出两种产出情况。

1. 侵入作用

侵入作用是指岩浆上升未达地表直接在地壳中冷却凝固的这种作用。由岩浆侵入作用所形成的岩石称为侵入岩。按成岩部位的深浅，侵入岩可分为深成岩（成岩深度大于 3 km 的侵入岩）和浅成岩（成岩深度小于 3 km 的侵入岩）。

2. 喷出作用

喷出作用是指岩浆上升冲出地表在地面上冷却凝固的这种作用。由岩浆喷出作用形成的岩石称为喷出岩。喷出岩由于岩浆温度急剧降低，所以固结成岩时间相对较短。侵入岩固结成岩所需要的时间比喷出岩要长得多。

二、岩浆岩的结构构造

在地球上，无数千姿百态的自然景观都是岩石在长期的地质历史中不断变化、雕琢形成的。一般来讲，岩石的面貌主要受岩石的结构和构造控制。

（一）结　构

岩浆岩的结构是指岩石中矿物的结晶程度、晶粒大小、晶粒形态以及晶粒之间的相互关系。岩浆岩的结构可按结晶程度、晶粒绝对大小和晶粒相对大小进行分类。

1. 按结晶程度分类

岩浆岩可按结晶程度分类，如表 1-2-2 所示。

表 1-2-2　岩浆岩按结晶程度分类

分　类	图　例
全晶质结构：岩石全部由结晶矿物组成，岩浆冷凝速度慢，有充足的时间形成结晶矿物，多见于深成岩，如花岗岩	

分　类	图　例
玻璃质结构：岩石全部由非结晶玻璃质组成，是岩浆迅速上升喷出地表后，由于温度骤然下降至岩浆的凝结温度以下，来不及结晶形成的，是喷出岩特有的结构，如黑曜岩、浮岩等	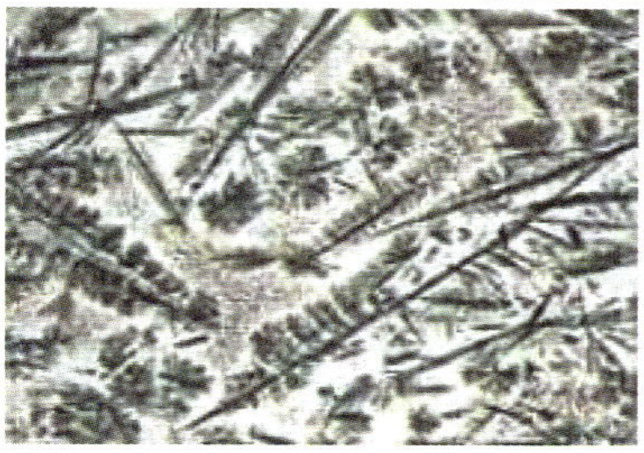
半晶质结构：岩石由结晶质和玻璃质组成的岩石，常见于喷出岩，如流纹岩	

2. 按晶粒绝对大小分类

（1）显晶质结构。

显晶质结构的岩石矿物结晶颗粒粗大，肉眼可见晶粒或借助放大镜可见晶体。按晶粒直径大小分为粗粒结构（颗粒直径大于 5 mm）、中粒结构（颗粒直径为 1 ~ 5 mm）、细粒结构（颗粒直径为 0.1 ~ 1 mm）、微粒结构（颗粒直径小于 0.1 mm）。

（2）隐晶质结构。

隐晶质结构的岩石矿物结晶颗粒比较细微，一般肉眼和放大镜不能分辨，在显微镜下才可以观察，是喷出岩和部分浅成岩的结构。

3. 按晶粒相对大小分类

岩浆岩可按晶粒相对大小分类，如表 1-2-3 所示。

表 1-2-3　岩浆岩结构按晶粒相对大小分类

分　类	图　例
斑状结构：是指矿物颗粒大小相差悬殊，大晶粒矿物被细小颗粒包围，大晶粒矿物称为斑晶，细小颗粒称为基质。当基质肉眼可以分辨，即为显晶质时，称似斑状结构，是浅成岩和部分深成岩的结构；当基质极细小，肉眼不可分辨，即为隐晶质时，称为现状结构	

分　类	图　例
等粒结构：是指矿物颗粒大小基本相同	
不等粒结构：是指矿物颗粒大小不等，但相差不大	

（二）构　造

岩浆岩是指岩石中不同矿物集合体之间的排列方式及充填方式。岩石的结构和构造是地质学家对岩石进行鉴定和分类命名的依据，也是研究岩石成因和演化不可缺少的内容。岩浆岩的主要构造类型有块状构造、气孔构造、杏仁构造、流纹构造等，如表 1-2-4 所示。

表 1-2-4　岩浆岩的主要构造类型

类　型	图　例
块状构造：组成岩石的矿物在整个岩石中分布均匀，其排列无向。是岩浆岩中最常见的构造	
气孔构造：当岩浆喷溢到地面时，围压降低，由于岩浆迅速冷却凝固而保留在岩石中形成空洞，就是气孔构造	

续表

类　型	图　例
杏仁构造：当岩石中的气孔被岩浆期后矿物所充填时，其充填物宛如杏仁，称为杏仁构造。杏仁构造在玄武岩中最常见	
流纹构造：是酸性熔岩中最常见的构造。它是由不同颜色的条纹和拉长的气孔等表现出来的一种流动构造	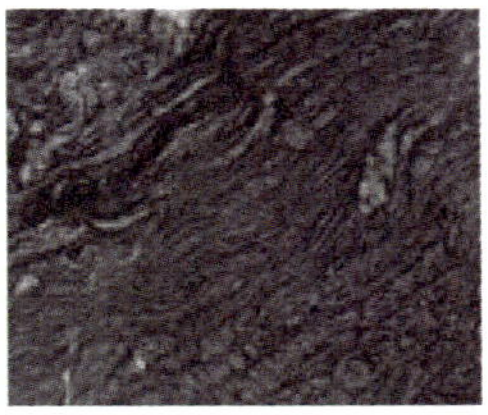

三、主要岩浆岩的鉴定特征

主要岩浆岩的鉴定特征如表 1-2-5 所示。

表 1-2-5　主要岩浆岩的鉴定特征

岩浆类型	岩石名称	矿物成分	颜　色	结　构	构　造	成　因
中性岩石	 正长岩	正长石、斜长石	浅灰或肉红色	全晶粒状	块状	深成
	 正长斑岩	正长石、斜长石	浅灰或肉红色	斑状	块状	浅成
	 粗面岩	正长石、透长石、斜长石	灰色或浅红色	斑状或隐晶质	块状	喷出

续表

岩浆类型	岩石名称	矿物成分	颜色	结构	构造	成因
中性岩石	 闪长岩	角闪石、斜长石	灰色或灰绿色	全晶粒状	块状	深成
	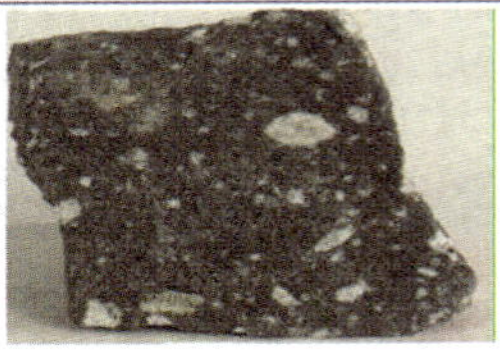 闪长玢岩	角闪石、斜长石	灰绿、灰褐色	斑状	块状	浅成
	 安山岩	角闪石、斜长石	灰色、棕色、绿色	斑状	块状	喷出
基性岩石	 辉长岩	辉石、斜长石	灰黑至暗绿色	全晶中粒	块状	深成
	 辉绿岩	辉石、斜长石	暗绿色、黑绿色	隐晶质	块状	浅成
	 玄武岩	辉石、斜长石	灰绿、黑绿至黑色	隐晶质	块状、气孔状、杏仁状	喷出

续表

岩浆类型	岩石名称	矿物成分	颜色	结构	构造	成因
酸性岩石	 花岗岩	石英、正长石和斜长石，偶含黑云母、角闪石等	灰白色、肉红色	全晶粒状	块状	深成
	 花岗斑岩	石英、正长石、斜长石、偶含黑云母、角闪石	灰红色、浅红色	似斑状	块状	浅成
火山玻璃	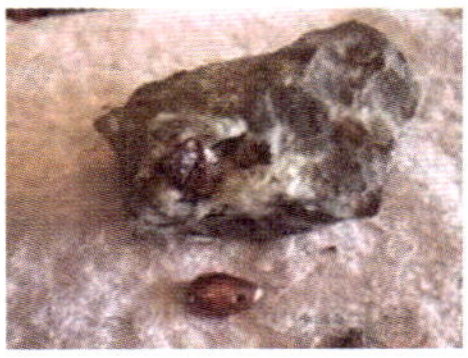 黑曜岩	长石、石英	浅红、灰褐至黑色	玻璃质	块状 流纹状	喷出
	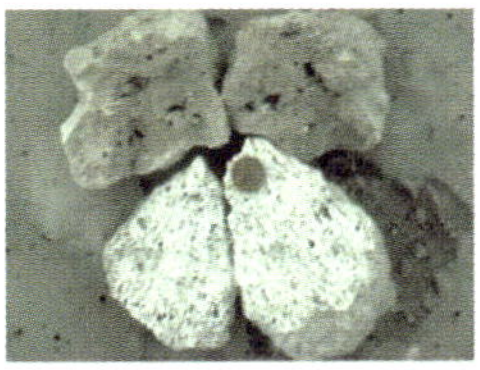 浮岩	岩浆中的泡沫物质	灰白、灰黄色	非晶质	气孔状	喷出
超基性岩石	 橄榄岩	橄榄石和少量辉石	橄榄绿或黄绿色	全晶中、粗粒	块状	深成
	 辉岩	辉石和少量橄榄石	灰黑、黑绿至黑色	全晶粒状	块状	深成

习 题

（1）下列不属于常见的浅成岩的是（　　）。

A. 花岗斑岩　　B. 辉长岩　　C. 辉长玢岩　　D. 闪长玢岩

（2）按照冷凝成岩浆岩的地质环境的分类，浅成岩是（　　）。

A. 岩浆侵入地壳某深处冷凝而成的岩石

B. 岩浆沿地表裂缝上升到距地表较浅处冷凝而成的岩石

C. 岩浆沿地表裂缝上升喷出地表冷凝而成的岩石

D. 岩浆沿地表裂缝侵入到地表某部位冷凝而成的岩石

（3）岩浆岩的结构是指（　　）。

A. 岩石中矿物的结晶程度、晶粒大小、晶粒形态以及晶粒之间的相互关系

B. 岩石中矿物的结晶程度、晶粒形态

C. 岩石中矿物的结晶程度、晶粒大小

D. 岩石中矿物的晶粒形态以及晶粒之间的相互关系

（4）岩浆岩按结晶程度分类可分为（　　）。

A. 全晶质结构、等粒结构、半晶质结构

B. 全晶质结构、半晶质结构、斑状结构

C. 全晶质结构、玻璃质结构、半晶质结构

D. 全晶质结构、半晶质结构、不等粒结构

（5）粗面岩的成因是（　　）。

A. 深成　　B. 浅成　　C. 喷出　　D. 以上都不是

任务三　沉积岩

【任务目标】

（1）掌握沉积岩的成因、成分、结构和构造。

（2）掌握主要沉积岩的鉴别特征。

【任务学习引领】

（1）沉积岩的定义是什么？

（2）沉积岩是怎么形成的？

（3）沉积岩的结构和构造类型有哪些？

【学生活动】

（1）仔细阅读任务知识点，对重要知识点做好标记。

（2）以小组为单位鉴别 10 种以上主要沉积岩特征，并形成图文。

【任务知识点】

一、沉积岩的概念

沉积岩是在地表或近地表不太深的地方形成的一种岩石类型。它是由风化产物、火山物质、有机物质等碎屑物质在常温常压下经过搬运、沉积和石化作用，最后形成的岩石，如图 1-3-1 所示。沉积岩可分为两类，一是陆源碎屑岩，主要由陆地岩石风化、剥蚀产生的各种碎屑物组成。按它们颗粒粗细不同又分为砾岩、砂岩、粉砂岩和泥质岩。二是内积岩，主要指在盆地内沉积形成。内积岩中有一种是人们所熟悉的，称可燃有机岩（如煤、油页岩等）。

图 1-3-1　沉积岩

（一）矿物成分

1. 陆源碎屑矿物

陆源碎屑矿物是指从原岩中继承下来的一部分矿物，呈碎屑状态出现，是原岩物理风化的产物，如石英、长石、云母等。

2. 自生矿物

自生矿物是在沉积岩形成过程中，由原岩分解出的化学物质沉积形成的矿物，如方解石、白云石、石膏、铁锰的氧化物及氢氧化物等。

3. 次生矿物

次生矿物是沉积岩遭受风化作用而形成的矿物，如碎屑长石风化而成的高岭石以及伊利石、蒙脱石等。

4. 有机质及生物残骸

有机质及生物残骸由生物残骸或有机化学变化而成的物质。

5. 胶结物

胶结物是指充填于沉积颗粒之间，并使之胶结成块的某些矿物质。胶结物主要来自粒间溶液和沉积物的溶解产物，通过粒间沉淀和粒间反应等方式形成。胶结物含量的多少与碎屑颗粒之间的胶结形式，对岩石的强度有极大的影响。

（二）沉积岩的形成

沉积岩的形成可概括为以下四个过程：原岩的风化破碎作用（沉积物质的形成）→沉积物的搬运作用→沉积物的沉积作用→沉积物的成岩作用，如图 1-3-2 所示。

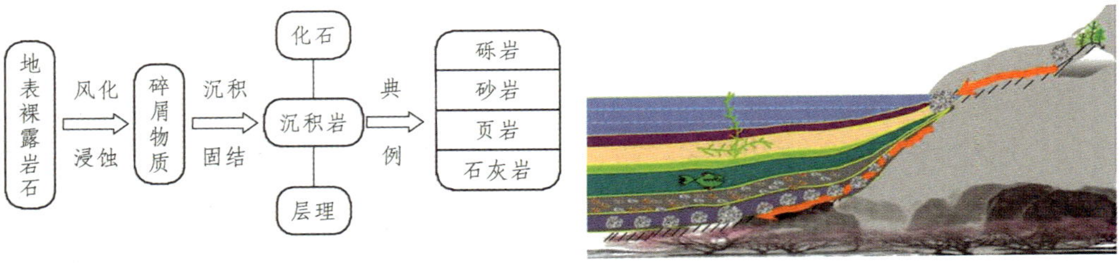

（a）　　　　　　　　　　　　（b）

图 1-3-2　沉积岩的形成过程

1. 原岩的风化破碎作用

地表和接近地表的岩石，在温度变化、水、空气及生物的作用和影响下发生破坏后，经风化形成各种松散的破碎物质，是形成沉积岩的重要物质。

风化产物按其性质可分为以下三类：

（1）碎屑物质：原岩机械破碎的产物，包括各种岩石碎屑和石英、云母、长石等矿物碎屑。

（2）黏土物质：原岩在分解过程中新生成的矿物，指粒径小于 0.005 mm 的黏粒。

（3）溶解物质：在化学风化过程中，原岩中活泼性较大的金属元素（如 K、Na、Ca、Mg 等）分解出来溶于水中，呈离子状态，组成真溶液；溶解度低的 Al、Fe、Si 等的氧化物和 Fe、Al 的氢氧化物则多成为胶体溶液。

2. 沉积物的搬运和沉积

原岩的风化产物除了少数部分残留原地组成风化壳堆积外，大部分被搬运走，并在新的适当的地方沉积下来。风化产物的性质不同，它们的搬运和沉积方式也不同。按其搬运的方式可分为机械搬运、化学搬运和生物搬运。

3. 成岩作用

沉积物堆积下来之后，接着为后继的沉积物所覆盖，由此开始转变成为沉积岩。引起沉积物和沉积岩发生变化的作用统称为成岩作用。成岩作用主要分为固压作用、胶结作用和重结晶作用。

（1）压固作用：由于上覆沉积物的静水压力而使松散沉积物的体积缩小、含水量减少、密度增加的作用称为压固作用。

（2）胶结作用：松散的沉积颗粒由化学沉淀物质或其他物质黏结而变成坚固岩石的作用称为胶结作用。

（3）重结晶作用：矿物成分借溶解、局部溶解及固体扩散等作用而重新排列组合的现象称为重结晶作用。

沉积物在向沉积岩的转化过程中，除了体积、密度上的变化外，同时还生成与环境相适应的稳定矿物，例如方解石、白云石、黏土矿物等新的沉积岩矿物。

二、沉积岩的结构构造

（一）结　构

沉积岩的结构是指组成沉积岩岩石成分的颗粒大小、形态和连接形式。沉积岩的结构是划分沉积岩的重要标志。

1. 碎屑结构

由碎屑物质和胶结物质组成的一种结构，碎屑结构的分类有以下几种：

（1）按颗粒大小分类。

砾状结构：颗粒粒径大于 2 mm。根据碎屑形状，磨圆度好的称为圆砾状或砾状，磨圆度差的称为角砾状。砾状结构如图 1-3-3a 所示。

砂状结构：颗粒粒径 0.005 ~ 2 mm。其中，0.005 ~ 0.075 mm 为粉砂结构；0.075 ~ 0.25 mm 为细砂结构；0.25 ~ 0.5 mm 为中砂结构；0.5 ~ 2 mm 为粗砂结构。砂状结构如图 1-3-3b 所示。

（a）砾状结构

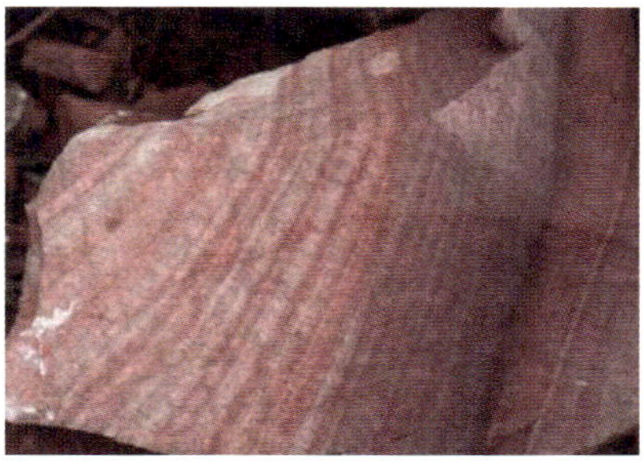

（b）砂状结构

图 1-3-3　按颗粒大小分类的碎屑结构

（2）按胶结类型分类。

胶结类型是指胶结物与碎屑颗粒的含量及相互关系。如图 1-3-4 所示，常见的胶结类型有以下三种：

基底式胶结：胶结物含量多，碎屑颗粒散布在胶结物中，是最牢固的胶结方式。

孔隙式胶结：碎屑颗粒紧密接触，胶结物充填在孔隙中间，这种胶结方式较坚固。

接触式胶结：碎屑颗粒相互接触，胶结物较少，仅分布在颗粒接触点处，是最弱的胶结方式。

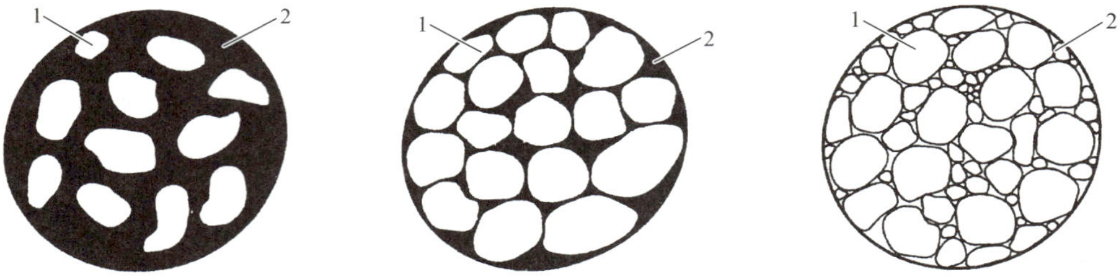

（a）基底式胶结　　（b）孔隙式胶结　　（c）接触式胶结

1—碎屑颗粒；2—胶结物质。

图 1-3-4　按胶结类型分类的碎屑结构

2. 泥状结构

泥状结构是指粒径小于 0.005 mm 的黏土颗粒组成的结构。

3. 化学结构和生物化学结构

化学结构是指离子和胶体物质从溶液中沉淀或凝聚出来经结晶或重结晶作用形成的结构，如石灰岩、白云岩等。生物化学结构是由生物遗体和生物碎片组成的化学结构，如贝壳状、珊瑚状等结构。

（二）构　造

构造是指沉积岩形成时期所形成的构造。它是沉积岩的重要特征之一，一般把沉积岩的构造理解为沉积岩各个组成部分的空间分布和排列方式。

1. 层理构造

层理是指岩层中物质的成分、颗粒的大小、形状和颜色在垂直方向上发生变化时所产生的纹理。在地质特性上与相邻层不同的沉积层称为一个岩层，岩层可以是一个单层，也可以是一组层。按照沉积条件和环境将层理分为水平层理、单斜层理、波状层理、交错层理等类型，如表 1-3-1 所示。

表 1-3-1　层理构造类型

分　类	特　征	图　例
水平层理	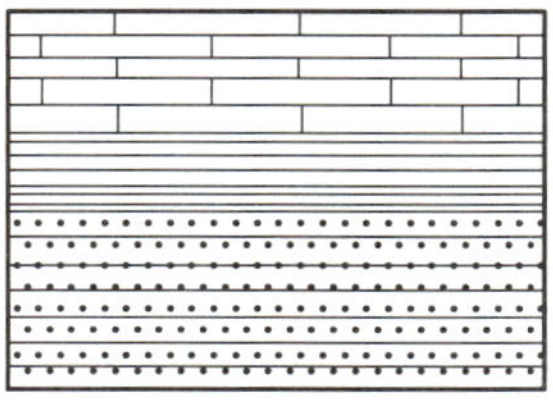	

续表

分　类	特　征	图　例
单斜层理	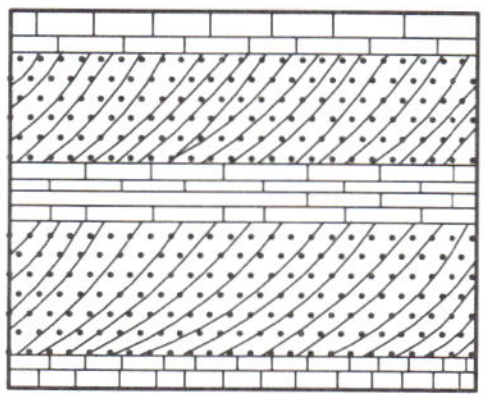	
波状层理		
交错层理	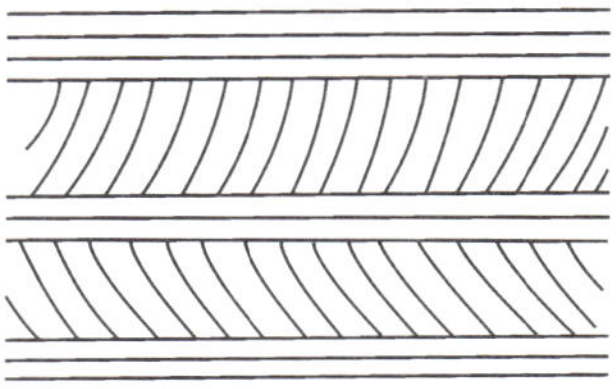	

2. 层面构造

层面构造是指未固结的沉积物，由于搬运介质的机械作用或自然条件的变化及生物活动，在层面上留下痕迹并被保存下来，如波痕、泥裂、雨痕和雹痕、流痕、缝合线、结核、虫迹等，如表 1-3-2 所示。

表 1-3-2　常见岩层层面构造类型

分　类	特　征	图　例
泥裂	泥裂是指未固结的沉积物露出水面干涸时，经脱水收缩干裂而形成的裂缝	
波痕	波痕是指尚未固结的沉积层面上，由于流水、风或波浪的作用形成的波状起伏的表面，经成岩作用后被保存下来	

分　类	特　征	图　例
流痕	留痕是指沉积层表面存在的一种树枝状水流痕迹，在其上覆岩层的底面上，常保留有流痕印模	
结核	结核是指在成分、颜色、结构等方面与周围沉积岩具有明显区别的矿物集合体，有球形、椭球形、透明状以及不规则状等形状	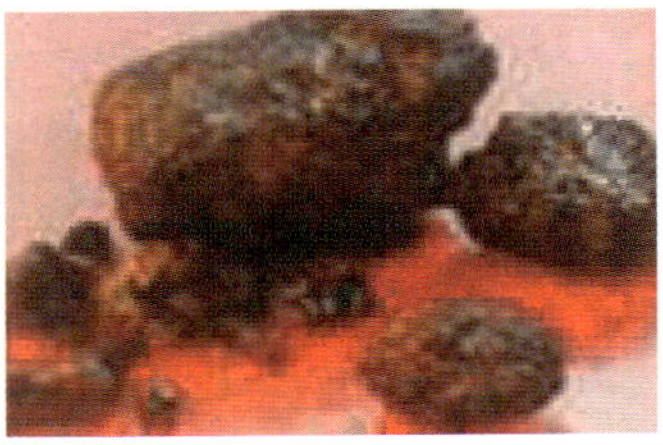
雨痕和雹痕	雨痕是由雨滴落于松软的泥质沉积物表面之上所形成的圆形或椭圆形凹穴。雹痕与雨痕相似，但较大面深，边缘略微高起、粗糙、形状不规则	
缝合线	缝合线是指在垂直碳酸盐岩等岩石层理的切面中出现的，呈头盖骨接合缝式的锯齿状缝隙，是碳酸盐岩中极为常见的构造	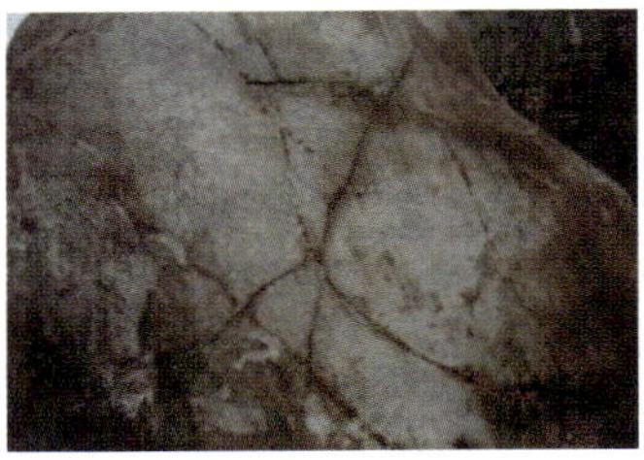
虫迹	虫迹是生物在未固结的沉积层表面留下的活动痕迹，是一种层面构造	

三、主要沉积岩的鉴定特征

主要沉积岩的鉴定特征如表 1-3-3 所示。

表 1-3-3　主要沉积岩的鉴定特征

岩石分类	岩石名称	矿物成分	颜色	结构	构造	主要特征
碎屑岩	 角砾岩	原岩碎屑成分	多样，易氧化而呈红色	砾状	块状	多为厚层，层理不发育，含棱角状砾石
碎屑岩	 砾岩	原岩碎屑成分	多样，易氧化而呈红色	砾状	块状	多为厚层，层理不发育，含浑圆状砾石
	 砂岩	石英砂岩	淡褐色、红色等	砂状	层理或块状	有砂粒
黏土岩	 页岩	黏土矿物	灰黑、黑色、褐红、棕红、黄、绿色等	泥状	页理	有页理，易风化，吸水及脱水后变形显著
	 泥岩	黏土矿物	灰色、红色等	泥状	块状	易风化，吸水及脱水后变形显著
化学岩及生物化学岩	 石灰岩	方解石，偶含少量白云石或粉砂粒、黏土矿物等	纯净的为浅灰白色，含杂质的为灰黑至黑色	化学	块状	遇稀盐酸剧烈起泡

岩石分类	岩石名称	矿物成分	颜色	结构	构造	主要特征
化学岩及生物化学岩	 白云岩	白云石，有时含少量方解石或其他杂质	灰白色	化学	块状	遇冷盐酸不易起泡，滴镁试剂由紫变蓝
	 泥灰岩	方解石、黏土矿物	浅灰、浅黄、浅红色	化学	块状	滴稀盐酸起泡后，表面残留黏土物质
	 硅质岩	蛋白石、玉髓、石英	灰黑、黑色	化学或生物化学	层理或块状	多以结核存在于碳酸盐岩石和黏土岩中
	 介壳灰岩	方解石、介壳	灰色至深灰	生物化学	块状	含介壳
	 珊瑚礁灰岩	方解石、珊瑚	灰白	生物化学	块状	含珊瑚

习 题

（1）下列不属于沉积岩形成原因的是（　　）。

A. 原岩的风化破碎作用　　B. 沉积物的搬运作用

C. 沉积物的沉积作用　　D. 沉积物的胶结作用

（2）下列结构中，不属于沉积岩结构的是（　　）。

A. 泥质结构　B. 碎屑结构　C. 生物结构　D. 化学结构

（3）地表原岩经风化、剥蚀作用形成的碎屑，经流水、冰川的搬运作用和沉积，胶质硬化而成（　　）。

A. 岩浆岩　B. 沉积岩　C. 变质岩　D. 火山岩

（4）沉积岩的结构按组成物质、颗粒大小及其形状等方面的特点，一般可分为（　　）。

A. 碎屑结构、砂质结构、泥质结构、结晶结构四种

B. 碎屑结构、硅质结构、结晶结构、泥质结构四种

C. 碎屑结构、砾状结构、结晶结构、生物结构四种

D. 碎屑结构、泥质结构、结晶结构、生物结构四种

（5）碎屑岩主要的特征不包括（　　）。

A. 多为厚层　B. 层理不发育　C. 含浑圆状砾石　D. 含棱角状砾石

任务四　变质岩

【任务目标】

（1）掌握变质岩的成因、成分、结构和构造。

（2）掌握主要变质岩的鉴别特征。

【任务学习引领】

（1）变质岩的定义是什么？

（2）变质岩是怎么形成的？

（3）变质岩的结构和构造类型有哪些？

【学生活动】

（1）仔细阅读任务知识点，对重要知识点做好标记。

（2）以小组为单位鉴别 10 种以上主要变质岩特征，并形成图文。

【任务知识点】

一、变质岩的概念

在地球内外力（温度、压力、应力的变化、化学成分等）作用下，岩石所处的地质环境在不断变化，为适应环境，原岩在各种变质因素的作用下，形成了新的矿物成分、结构和构造，称为变质岩。变质岩约占地表陆地面积的 1/5，岩石生成越早，变质程度越深，如地壳形成过程中 7/8 的时间是发生在前寒武纪，前寒武纪大多数岩石是变质岩。

（一）变质岩的矿物成分

组成变质岩的矿物可以分为贯通矿石和变质矿物两类，其中变质矿物是变质作用中产生的新矿物，也是鉴别变质岩的重要标志，如表 1-4-1 所示。

表 1-4-1　变质岩的矿物分类

分　类	说　明
贯通矿石	三大类岩石中共存的矿物，如石英、长石、云母、角闪石、辉石、磷灰石等
变质矿物	低级变质矿物，如绢云母、绿泥石、蛇纹石、浊沸石、绿纤石等
	中级变质矿物，如蓝晶石、十字石（中压）、红柱石、堇青石（低压）等
	高级变质矿物，如紫苏辉石、硅线石
	高压低温矿物，如蓝闪石、硬柱石、硬玉、文石

（二）变质岩的形成

由地球内力作用促使岩石发生矿构成分及结构构造变化的作用称为变质作用。变质岩的质变可能是重结晶、纹理改变或颜色改变。

地球上已形成的岩石（岩浆岩、沉积岩、变质岩），随着地壳的不断演化，其所处的地质环境也在不断改变，为了适应新的地质环境和物理化学条件的变化，它们的矿构成分、结构构造就会发生一系列改变。如图 1-4-1 所示，固态的岩石在地球内部的压力和温度作用下，发生物质成分的迁移和重结晶，形成新的矿物组合，如普通石灰石由于重结晶变成大理石。

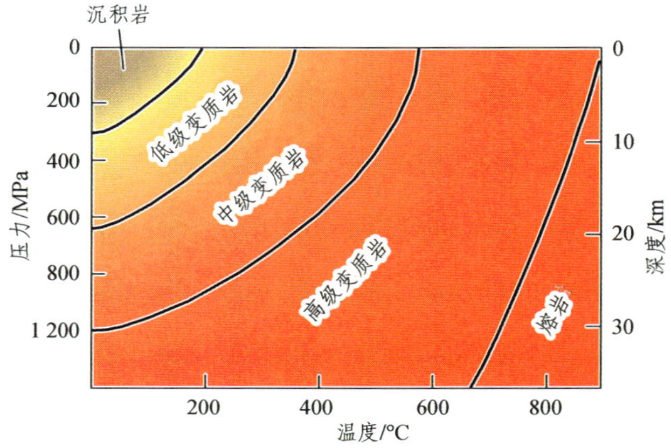

图 1-4-1　不同压力和温度作用下的变质岩

变质岩是组成地壳的主要成分，占地壳体积的27.4%。一般变质岩是在地下深处的高温高压下产生的，后来由于地壳运动而露出地表。

变质岩与沉积岩和岩浆岩的区别有两点，首先，变质作用形成于地壳一定的深度，也就是发生于一定的温度和压力范围，既不是沉积岩的地表或近地表常温常压条件，也不同于岩浆岩形成时的高温高压条件；其次，变质作用中的矿物转变是在固态情况下完成的，而不是岩浆岩那样从液态的岩浆中结晶形成的。

二、变质岩的结构和构造

变质岩的结构和构造具有继承性，既可保留原岩的部分结构和构造，也可以在不同变质作用下形成新的结构和构造。

（一）结　构

变质岩的结构有变余结构、变晶结构、压碎结构三类。

① 变余结构：岩石经变质后仍保留有原岩部分的构造特征，这种构造称为变余构造，是恢复原岩的重要依据。

② 变晶结构：是变质岩最重要的结构，是原岩中各种矿物同时再结晶所形成的，如等粒变晶结构的石英岩、大理岩和斑状变晶结构的片岩、片麻岩。

③ 压碎结构：压碎结构是由于动力变质作用，使岩石发生破碎而形成的，如碎裂岩等。

（二）构　造

变质岩的构造是识别各种变质岩的重要标志。

1. 片理构造

片理构造不仅是识别各种变质岩的重要标志，而且是区别于其他岩类的重要特征。片理构造的形成，是由于岩石中的片状、板状和柱状矿物（如云母、长石、角闪石等），在定向压力作用下发生重结晶，垂直压力方向呈平行排列而形成的。根据形态不同，片理构造又可分为以下几种：

（1）片麻状构造：岩石中的深色矿物（黑云母、角闪石等）和浅色矿物（长石、石英等）相间呈条带状分布，构成一种黑白相间的断续条带状构造。具有这种构造的岩石沿片理面不易劈开，如片麻岩。

（2）片状构造：由大量片状、针状或柱状矿物平行排列而成。片理特别清楚，是片岩所具有的构造。

（3）千枚状构造：片理清晰，片理面上有许多细小的绢云母鳞片有规律地排列，呈明显的丝绢光泽，称为千枚状构造，是千枚岩所具有的构造。

（4）板状构造：泥质岩石受挤压后形成易劈成薄板的构造，劈开面上常有鳞片状绢云母分布，是板岩所具有的构造。

2. 块状构造

块状构造的矿物无定向排列，也不能定向裂开，其分布大致呈均一状，如大理岩、石英岩等。

三、主要变质岩的鉴定特征

主要变质岩的鉴定特征如表 1-4-2 所示。

表 1-4-2　主要变质岩的鉴定特征

岩石名称	颜　色	结　构	构　造	其他主要特征	变质情况
 板岩	深灰、黑色、土黄色	变余或隐晶	板状	含黏土及其他矿物，肉眼难辨矿物，具有片理，锤击有清脆声，丝绢光泽	变质最浅
 千枚岩	灰色、绿色、棕红、黑色	变余或显微鳞片状变晶	千枚状	肉眼可辨绢云母、黏土矿物具有片理，锤击有清脆声，丝绢光泽明显	变质较浅
 片岩	颜色较多，取决于主要矿物成分	显晶质变晶	片状	叶片状或鳞片状	变质较深
 片麻岩	颜色较复杂	中、粗粒状变晶	片麻状	深色矿物多为黑云母、角闪石等，浅色矿物多为粒状的石英、长石。深、浅矿物形成条带状相间排列	变质最深

续表

岩石名称	颜色	结构	构造	其他主要特征	变质情况
 大理岩	纯质为白色，含杂质为灰白、浅红、淡绿甚至黑色	等粒变晶	块状	遇盐酸起泡	由石灰岩、白云岩经接触变质或区域变质作用而成
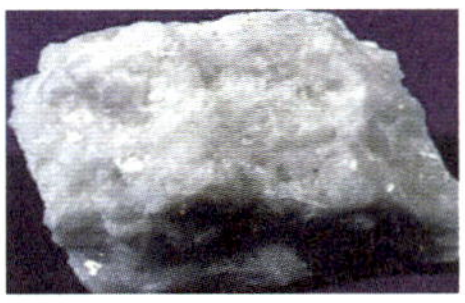 石英岩	纯质为暗白色，含杂质为灰白、褐色等	等粒变晶	块状	硬度高，有玻璃光泽，贝壳状断口，石英含量大于85%	由石英砂岩或其他硅质岩经变质作用而成
 蛇纹岩	暗绿或黑绿色，风化面为黄绿色或灰白色	隐晶	块状	硬度较低，断口不平坦	由富含镁的超基性岩经交代变质而成
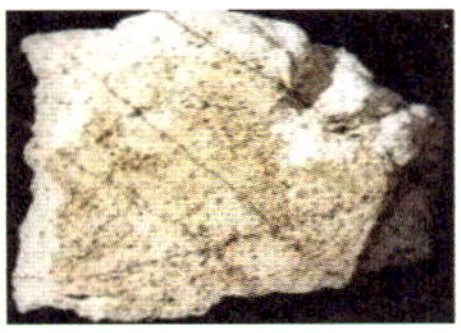 云英岩	灰白、浅灰色	等粒变晶	致密块状	主要发育在花岗岩的顶部或边缘，常伴生大量的稀有金属矿物	由花岗岩经交代变质而成
 构造角砾岩	斑杂色	碎裂	块状	碎屑大小形状不均，粒径可由数毫米至数米；胶结物多为细粉粒岩屑或溶液中的沉积物	断层错动带中的产物，原岩经极大动压力破碎后经胶结作用
 糜棱岩	较多	糜棱	块状	一般比较均匀，结构致密、坚硬，粒径较原岩减小，产生在一个相当狭窄的面状地带中，出现强化面理和线理	断层错动带中的产物，高动压力把原岩碾磨成粉末状细屑，又在高压力下重新结合成致密坚硬的岩石

习题

（1）变质岩是由原来的岩石（岩浆岩、沉积岩和变质岩）在地壳中受到高温、高压及化学成分加入的影响，(　　)。

A. 矿物化学性质及结构发生变化后形成的新岩石

B. 在固体状态下发生矿物成分及结构变化后形成的新岩石

C. 在固体状态下发生矿物的物理性质及结构变化后形成的新岩石

D. 在固体状态下发生矿物的化学和物理性质，以及结构变化后形成的新岩石

（2）下列属于变质岩的是(　　)。

A. 白云岩　B. 珊瑚礁灰岩　C. 千枚岩　D. 介壳灰岩

（3）变质岩结构有(　　)。

A. 变余结构、变晶结构、压碎结构　B. 变余结构、结晶结构、压碎结构

C. 变余结构、结晶结构、破碎结构　D. 变晶结构、结晶结构、破碎结构

（4）具有砾状结构的沉积岩是(　　)。

A. 生物化学岩　B. 砾岩　C. 砂岩　D. 角砾岩

（5）片理构造是变质岩所特有的，是从构造上区别于其他岩石的一个显著标志，比较典型的片理构造有(　　)。

A. 板块构造、千枚构造、片状构造、片麻状构造

B. 块状构造、千枚构造、片状构造、片麻状构造

C. 板状构造、千枚构造、片状构造、片麻状构造

D. 板状构造、页状构造、片状构造、片麻状构造

项目二　地质构造与地貌

项目概述

- 本项目包括 3 个学习任务：地质年代、地质构造、地貌。
- 要求通过学习掌握岩层产状三要素的测量，褶皱的野外识别方法，节理和断层分类及判断方法。

学习目标

项目名称	任务分解	知识点
项目二 地质构造 与地貌	地质年代	地壳运动及地质作用
		地质年代认知
	地质构造	岩层及岩层产状认知
		褶皱认知
		节理认知
		断层认知
	地貌	地形、地貌基本概念
		地貌分类、分级

任务一　地质年代

【任务目标】

掌握地质年代单位与时间地层单位的区别。

【任务学习引领】

（1）什么是地壳运动？

（2）地质作用分为哪些？

（3）什么是相对地质年代、绝对地质年代？

【学生活动】

（1）仔细阅读任务知识点，对重要知识点（地质年代）做好标记。

（2）以小组为单位判断新老地层。

【任务知识点】

一、地壳运动及地质作用认知

（一）地壳运动

因地球内力变化引起的地壳中岩石的变形和变位称为地壳运动。地壳运动又称为构造运动，是一种机械运动。

1. 地壳运动类型

地壳运动有水平运动和垂直运动两种基本类型，如图 2-1-1 所示。

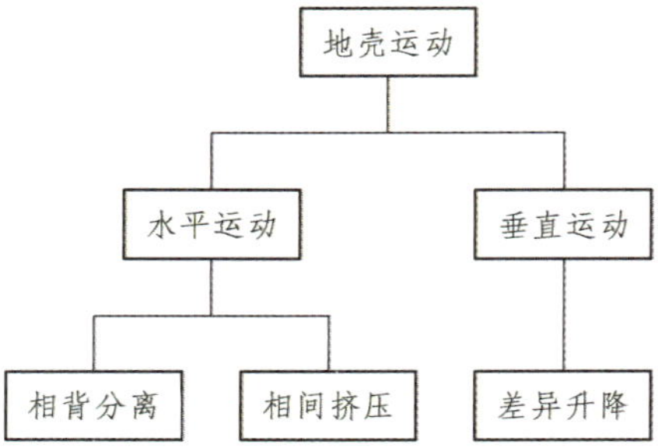

图 2-1-1 地壳运动的类型

（1）水平运动。

地壳水平运动时所产生的作用力是沿地面水平方向发生的，这种运动使地壳遭受到巨大的挤压、拉伸或剪切，引起岩石的褶皱和断裂。水平的挤压可形成巨大的山系（如珠穆朗玛峰），水平的拉伸运动可形成裂谷（如东非大裂谷）。

（2）垂直运动。

垂直运动作用力的方向与地表垂直，它引起地壳局部地区的上升或下降，不断改变着海陆轮廓，并伴随有岩层的倾斜、弯曲和断裂的发生。例如，地球上海拔最高的喜马拉雅山脉，其海拔高度仍以每年 2～3 mm 的速度上升。可见，这种长期、缓慢、影响范围广阔的地壳运动，虽然不易直接为人们所觉察，但在漫长的地质历史发展过程中却对地壳进行着巨大改造，从而成为地壳运动的主要内容。

2. 水平运动与垂直运动的关系

地壳的水平运动与垂直运动有着密切的联系，一个地区地壳的水平运动可引起另一个地区地壳的垂直运动，相应地，一个地区地壳的垂直运动也可引起一个地区地壳的水平运动。同一地区，地壳在某一时期以水平运动为主，在另一时期则以垂直运动为主，因而各种方向的地壳运动实际上是相互联系的。

（二）地质作用

地壳只是地球内圈层最外面的一层极薄的薄壳。在地球形成至今的漫长地质演变历史中，随着地球的转动和内、外圈层物质的运动，地表的形态、地壳的物质以及地层的形态都在不断发生变化，这种变化一直发生，永不静止。我们把导致地壳物质成分、地表形状、岩层结构构造发生变化的一切自然作用称为地质作用。这些作用有些进行得剧烈而又迅速，较易为人们所觉察；但在更多的情况下，进行得非常缓慢，很难为人们直接觉察。由地质作用引起的现象，称为地质现象。按地质作用力的来源不同，可将地质作用划分为内力地质作用和外力地质作用。

1. 内力地质作用

由地球的旋转能和地球中的放射性物质在其衰减过程中释放出的热能所引起的地质作用称为内力地质作用。大多数的地震以及岩浆活动、地壳运动和变质作用等都属于内力地质作用现象，其总趋势是形成地壳表层的基本构造形态和地壳表面大型的高低起伏。

内力地质作用主要表现为地壳运动、岩浆作用、变质作用、地震等。

地壳运动就是由地球内动力所引起的地壳岩石的变形、变位（如弯曲、错断等）等机械运动。残留在岩层中的这些变形、变位现象叫作地质构造或构造形迹。

2. 外力地质作用

由太阳的辐射能和地球的重力位能（包括其他星体的引力作用）所引起的地质作用称为外力地质作用。常见的外力作用现象有气温、雨、雪、风、地面汇流、河流、湖泊、海洋、生物以及重力的作用等。外力作用主要是破坏内力作用所形成的地形或产物，其总趋势是削高补低形成新的沉积物，并进一步塑造了地表形态。外力地质作用主要包括以下 5 类：

（1）风化作用：是在温度、气体、水及生物等因素的综合影响下，促使地壳表层岩石发生破碎、分解的一种破坏作用。

（2）剥蚀作用：是将岩石风化破坏的产物从原地剥离下来的作用。它包括除风化作用以外所有的破坏作用，如河流、大气降水、地下水、海洋、湖泊以及风等的破坏。

（3）搬运作用：岩石经风化、剥蚀破坏后的产物，被流水、风、冰川等介质搬运到其他地方的作用。

（4）沉积作用：被搬运的物质，由于搬运介质的搬运能力减弱，搬运介质的物理化学条件发生变化，或由于生物的作用，从搬运介质中分离出来，形成沉积物的过程称为沉积作用。

（5）成岩作用：沉积下来的各种松散堆积物，在一定条件下，由于压力增大、温度升高以及受到某些化学溶液的影响，发生压密、胶结及结晶等物理化学过程，使之固结成为坚硬岩石的作用。

二、地质年代认知

地表的岩石及岩层中的各种地质构造形态都是岩石在过去地质历史时期内演变发展的结果。在漫长的地质历史中，要查明各种地质作用的发生、发展过程，首先必须确立地质年代。

地质年代就是从最老的地层到最新的地层所代表的整个时代。各地层的新、老关系在判别褶曲、断层等地层构造形态中，有着非常重要的作用。

地质学家在研究地壳历史时，参照了人类历史研究中划分社会发展阶段的方法，把地史划分为 5 个代，代以下再分纪、世等；与地质年代相应的地层表述单位称宇、界、系、统等。与地质年代相应的时间表述单位称宙、代、纪等。确定地层的新、老关系有绝对年代法和相对年代法两种方法。

（一）绝对年代法

绝对年代法是指通过确定地层形成时的准确时间，依此排列出各地层新、老关系的方法。确定地层形成时的准确时间，主要是通过测定地层中的放射性同位素年龄来确定。放射性同位素（母同位素）是一种不稳定元素，在天然条件下发生衰变，自动放射出某些射线（α、β、λ射线），从而衰变成另一种稳定元素（子同位素）。放射性同位素的衰变速度是恒定的，不受温度、压力、电场、磁场等因素的影响，即以恒定的衰变常数（λ）进行衰变。用于测定地质年代的主要放射性同位素的衰变常数如表 2-1-1 所示。其中，碳-14 专用于测定最新地质事件和大部分考古材料的年代，其他主要用来测定较古老岩石的地质年龄。

表 2-1-1　常用放射性同位素及其衰变常数

母同位素	子同位素	半衰期/a	衰变常数（λ）/a^{-1}
铀（U^{238}）	铅（Pb^{206}）	4.5×10^{9}	1.54×10^{-10}
铀（U^{235}）	铅（Pb^{207}）	7.1×10^{8}	9.72×10^{-10}
钍（Th^{282}）	铅（Pd^{208}）	1.4×10^{10}	0.49×10^{-10}
铷（Rb^{87}）	锶（Sr^{87}）	5.0×10^{10}	0.14×10^{-10}
钾（K^{40}）	氩（Ar^{40}）	1.2×10^{9}	5.55×10^{-10}
碳（C^{14}）	氮（N^{14}）	5.7×10^{3}	—

当测定出岩石中所含放射性同位素的质量 P，以及它衰变产物的质量 D，就可以利用衰变常数 λ，通过式（2-1-1）计算其形成年龄 t。

$$t=\frac{1}{\lambda}\ln\left(1+\frac{D}{P}\right) \tag{2-1-1}$$

利用放射性同位素所获得的地球上最大的岩石年龄为 45 亿年，月岩年龄为 46 ~ 47

亿年，陨石年龄为 46 ~ 47 亿年。因此，地球的年龄应为 46 亿年以上。

（二）相对年代法

相对地质年代是指岩石和地层之间的相对新老关系和它们的时代顺序，是通过岩序、岩性、接触关系和古生物等来确定的，如图 2-1-2 所示。

图 2-1-2　相对地质年代的确定

1. 古生物化石简述

在各个不同时期的地层里，大都保存有古代动植物的标准化石（见图 2-1-3），如寒武纪的三叶虫、奥陶纪的珠角石、志留纪的笔石、泥盆纪的石燕、二叠纪的大羽羊齿、侏罗纪的恐龙等。

各类动植物化石出现的早晚是有一定顺序的，越是低等的，出现得越早，越是高等的，出现得越晚。地质学家和古生物学家根据地层自然形成的先后顺序，将地层分为 5 代 12 纪，即早期的太古代和元古代（元古代在中国还包含震旦纪），以后的古生代、中生代和新生代。古生代分为奥陶纪、寒武纪、志留纪、泥盆纪、石炭纪和二叠纪，共 6 个纪；中生代分为三叠纪、侏罗纪和白垩纪，共 3 个纪；新生代只有第三纪、第四纪 2 个纪。

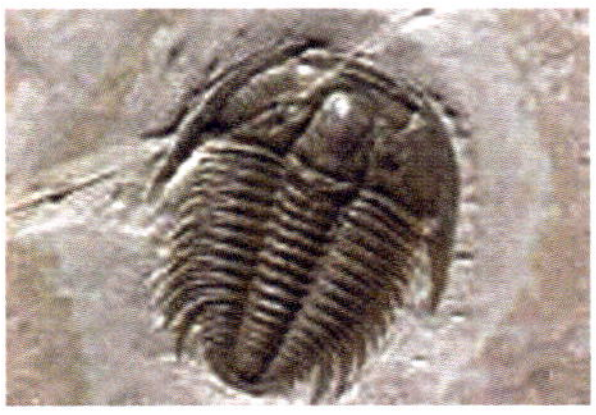
（a）寒武纪的三叶虫

（b）奥陶纪的珠角石

（c）志留纪的笔石

（d）二叠纪的大羽羊齿

（f）泥盆纪的石燕

（d）侏罗纪的恐龙

图 2-1-3 古代动植物化石

2. 岩浆岩相对地质年代的确定

岩浆岩不含古生物化石，也没有层理构造。岩浆岩的相对地质年代，是通过它与沉积岩的接触关系以及它本身的穿插构造来确定的。

（1）接触关系。

根据岩浆岩与周围已知地质年代的沉积岩的接触关系，可确定岩浆岩的相对地质年代。这种接触关系分为以下两种：

① 侵入接触：岩浆侵入体侵入于沉积岩岩层之中，使围岩发生变质现象，说明岩浆侵入体的形成年代，晚于发生变质的沉积岩层的地质年代。

② 沉积接触：岩浆形成之后，经长期风化剥蚀，后来在侵蚀面上又有新的沉积。侵蚀面上的沉积岩无变质现象，而在沉积岩的底部往往有由岩浆岩组成的砾岩或岩浆岩风化剥蚀的痕迹。这说明岩浆岩的形成年代，早于沉积岩的地质年代。沉积岩与岩浆岩的这种接触关系，称为非整合。

（2）穿插构造。

岩浆岩间的接触关系主要表现为岩浆岩间的穿插接触关系。后期生成的岩浆岩常插入早期生成的岩浆岩中，将早期岩脉或岩体切隔开，如图 2-1-4 所示。

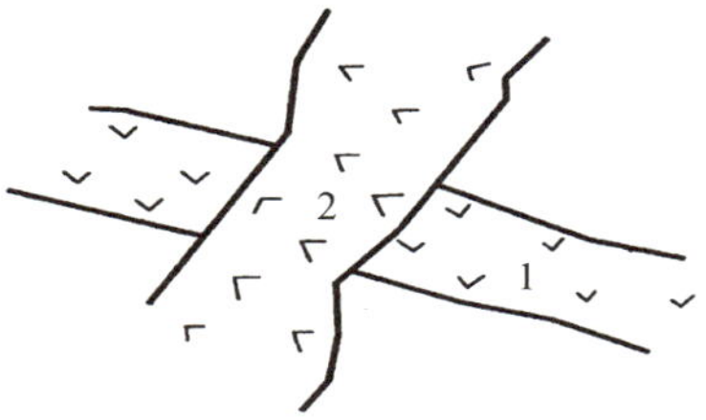

（a）

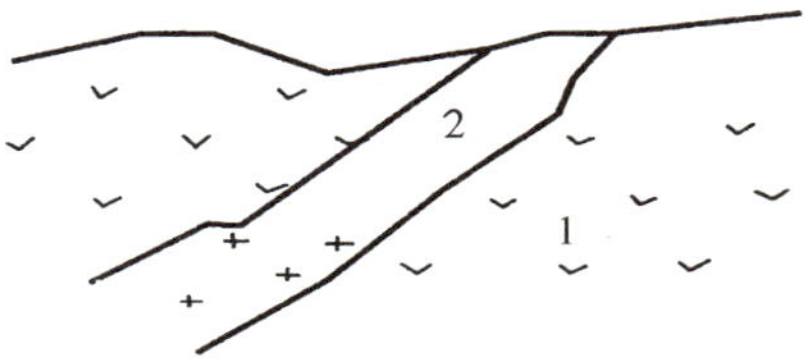

（b）

1—早期生成的岩浆岩；2—后期生成的岩浆岩。

图 2-1-4　岩浆岩的穿插关系

（三）地质年代表

地质学的发展，提供了适用于全球的统一地质年代表，这样不仅使一个大陆地区内的地质历史可以对比，而且使大陆之间的地质历史也同样可以对比。绝对年龄的测定，还可使地质学家把地球的历史和月球以及太阳系其他行星的历史联系起来。

1. 地质年代单位与时间地层单位

划分地质年代单位和时间地层单位的主要依据是地壳运动和生物演变。地壳发生大的构造变动之后，自然地理条件将发生显著变化，各种生物也将随之演变，以适应新的生存环境，这样就形成了地壳发展历史的阶段性。地质学家根据几次大的地壳运动和生物界大的演变，把地质历史划分为五个“代”，每个“代”又分为若干“纪”，纪内因生物发展及地质情况不同，又进一步划分为若干“世”和“期”，以及一些更细的段落，这些统称为地质年代单位。在特定的时间间隔内形成的岩石体，称为时间地层单位，它可以包括多种不同的岩石类型。与地质年代单位对应的时间地层单位如表 2-1-2 所示。

表 2-1-2　地质年代单位与时间地层单位

地质年代单位	宙	代	纪	世	期	时
时间地层单位	宇	界	系	统	段	时间带

2. 地质年代表

地质年代表是人们在实践中逐步进行地层的划分和对比工作后，按时代早晚顺序把地质年代进行编年，列制成表，它反映了地壳历史阶段的划分和生物演化的发展地段，如表 2-1-3 所示。

表 2-1-3　地质年代表

<table>
<tr><th>宙（宇）</th><th>代（界）</th><th colspan="2">纪（系）</th><th>距今年数</th><th>主要特征（生物开始出现时间）</th></tr>
<tr><td rowspan="6">显生宙</td><td rowspan="3">新生代（Kz）</td><td colspan="2">第四纪（Q）</td><td>1 万～200 万年</td><td>人类时代
现代动物
现代植物
</td></tr>
<tr><td rowspan="2">第三纪（R）</td><td>晚第三纪（N）</td><td rowspan="2">600 万～6 500 万年</td><td>鸟类出现
</td></tr>
<tr><td>晚第三纪（E）</td><td rowspan="2">被子植物、兽类出现
</td></tr>
<tr><td rowspan="3">中生代（Mz）</td><td colspan="2">白垩纪（K）</td><td>1.37 亿年</td></tr>
<tr><td colspan="2">侏罗纪（J）</td><td>1.95 亿年</td><td rowspan="2">蜥龙、鱼龙出现，进入爬行动物时代
</td></tr>
<tr><td colspan="2">三叠纪（T）</td><td>2.3 亿年</td></tr>
</table>

续表

<table>
<tr><th>宙（宇）</th><th>代（界）</th><th colspan="2">纪（系）</th><th>距今年数</th><th>主要特征（生物开始出现时间）</th></tr>
<tr><td rowspan="6">显生宙</td><td rowspan="6">古生代（Pz）</td><td rowspan="3">晚古生代</td><td>二叠纪（P）</td><td>2.85 亿年</td><td rowspan="2">裸子植物、两栖类动物出现
 </td></tr>
<tr><td>石炭纪（C）</td><td>3.5 亿年</td></tr>
<tr><td>泥盆纪（D）</td><td>4.05 亿年</td><td rowspan="2">鱼类出现，节蕨、石松、真蕨植物出现
 </td></tr>
<tr><td rowspan="3">早古生代</td><td>志留纪（S）</td><td>4.4 亿年</td></tr>
<tr><td>奥陶纪（O）</td><td>5 亿年</td><td rowspan="2">硬壳（无脊椎）动物、裸蕨植物出现
 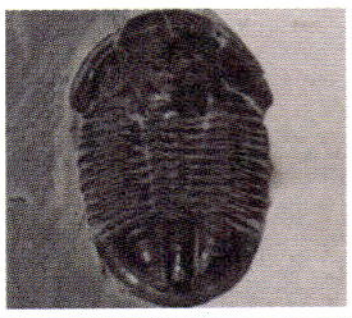</td></tr>
<tr><td>寒武纪（Є）</td><td>6 亿年</td></tr>
<tr><td rowspan="4">元古宙</td><td rowspan="4">元古代（Pt）</td><td colspan="2">震旦纪（Z）</td><td>13 亿 ~ 19 亿年</td><td rowspan="4">原核、真核生物出现（菌类及蓝藻）
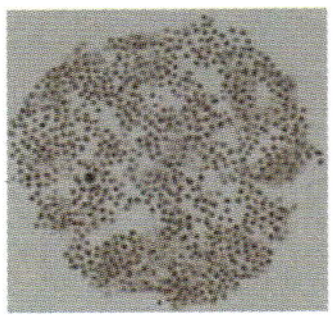</td></tr>
<tr><td colspan="2">青白口纪</td><td>8 亿 ~ 10 亿年</td></tr>
<tr><td colspan="2">蓟县纪</td><td>10 亿 ~ 14 亿年</td></tr>
<tr><td colspan="2">长城纪</td><td>14 亿年</td></tr>
<tr><td>太古宙</td><td>太古代（Ar）</td><td colspan="2"></td><td>46 亿年</td><td>生命现象开始出现</td></tr>
</table>

习 题

（1）因地球内力变化引起的地壳中岩石的变形和变位称为（　　）。

A. 地壳运动　　B. 水平运动　　C. 垂直运动　　D. 造地运动

（2）内力地质作用包括地受运动、地震作用岩浆作用以及（　　）。

A. 搬运作用　　B. 风化作用　　C. 堆积作用　　D. 变质作用

（3）确定地层的新、老关系的方法有（　　）。

A. 绝对年代法和相对年代法两种　　B. 相对年代法和年代法两种

C. 年代法和绝对年代法两种　　D. 一定年代法和绝对年代法两种

（4）不属于地质年代单位的是（　　）。

A. 代　　B. 世　　C. 统　　D. 期

（5）不属于岩浆岩的相对地质年代确定方法的是（　　）。

A. 接触关系　　B. 沉积接触　　C. 穿插构造　　D. 搬运关系

任务二　地质构造

【任务目标】

（1）掌握岩层产状的要素、测量、表示方法。

（2）掌握褶皱构造的识别方法和判断类型。

（3）掌握断层的野外识别方法。

【任务学习引领】

（1）岩石产状指什么？

（2）褶皱构造的基本要素有哪些？

（3）节理和断层的类型有哪些？

（4）地貌的类型有哪些？

【学生活动】

（1）仔细阅读任务知识点，对重要知识点（褶皱、断层等的识别）做好标记。

（2）以小组为单位测量岩石产状，网上搜集褶皱图片并判断其类型。

【任务知识点】

一、岩层及岩层产状认知

（一）岩　层

岩层是由两个平行或近于平行的界面所限制的同一岩性组成的层状岩石。岩层产状是指岩层的空间位置。根据岩层的产状可将岩石分为水平岩层、倾斜岩层和直立岩层。

1. 水平岩层

水平岩层指岩层倾斜角度为 0°的岩石，绝对水平面的岩石很少见，通常将倾斜角度小于 5°的岩石称为水平岩层，又称为水平构造。水平岩层一般出现在构造运动轻微的地区或者大范围均匀抬升、下降的地区，如图 2-2-1 所示。水平岩层没有发生倒转，具有以下特征：

（1）新岩层在上，老岩层在下；

（2）岩层的厚度等于岩层顶与底面标高之差；

（3）岩层的露头宽度决定于岩层的厚度和地面坡度；

（4）地质界线在地质图上与地形等高线平行或重合，但不相交。

2. 倾斜岩层

倾斜岩层指岩层面与水平面夹角为 5°～85°的岩层。自然界中大多数岩层是倾斜岩层。倾斜岩层是构造挤压或大片区域不均匀抬升、下降，使岩层向某个方向倾斜而形成的岩层。倾斜岩层按倾角 α 的大小又可分为缓倾岩层（$\alpha<30°$）、陡倾岩层（$30°\leqslant\alpha<60°$）、陡立岩层（$\alpha\geqslant60°$），如图 2-2-2 所示。

3. 直立岩层

直立岩层指岩层倾角等于 90°的岩层的，但绝对直立的是非常少见。直立岩层一般出现在构造强烈的地区，如图 2-2-3 所示。

图 2-2-1　水平岩层

图 2-2-2　倾斜岩层

图 2-2-3　直立岩层

（二）岩层产状

岩层产状是指岩层的空间位置，用于描述岩层的空间展布特征。它包括岩层的走向、倾向、倾角，又称产状三要素。

1. 产状三要素

（1）走向：指岩层层面与水平面交线的方位角，其表示岩层在空间延伸的方向，如图 2-2-4 中的 *AB* 线。

注意：这里强调两端所指的方向，因此走向的方位角有 2 个，相差 180°。例如，走向北东 30°，即南西 210°。

（2）倾向：指垂直走向顺倾斜面向下引出的直线在水平面的投影的方位角，表示岩层在空间的倾斜方向，如图 2-2-4 中的 *CD* 线。倾向只有一个方向，且与走向垂直，走向=倾向+90°。

（3）倾角：指岩层层面与水平面所夹的锐角（0°~90°变化），表示岩层在空间倾斜角度的大小，如图 2-2-4 中的角 α。

可见，用岩层产状的三个要素，能表达经过构造变动后的构造形态在空间的位置。

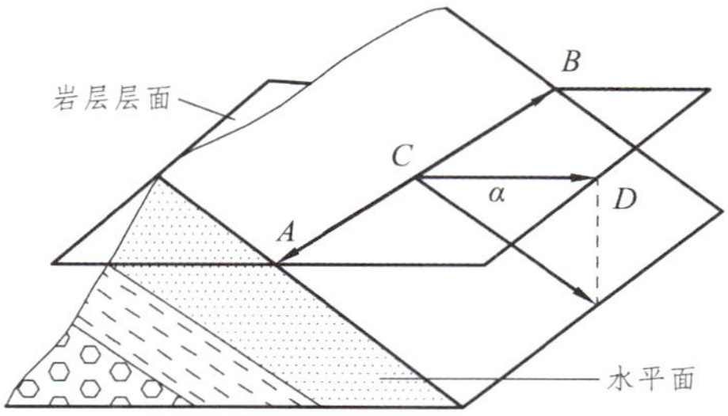

图 2-2-4　岩层产状要素示意图

2. 岩层产状的测量和表示

（1）岩层产状的测量方法。

岩层的产状在野外是用地质罗盘仪来测量的，如图 2-2-5 所示。

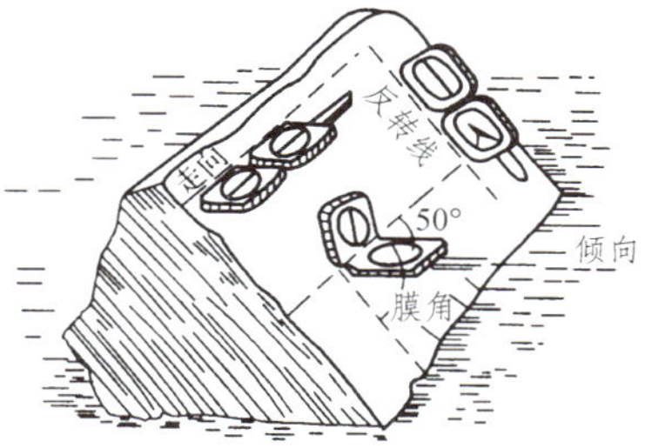

图 2-2-5　岩层产状的测量示意图

测走向：将罗盘仪的长边（平行南北刻度线的仪器外壳的边缘）紧靠岩层层面，调整罗盘位置使水准气泡居中，待磁针静止，读取指北针或指南针所指的方位角度数，就是走向的方位。

测倾向：将罗盘仪的短边（如用刻度盘南端）紧靠岩层层面，罗盘北端则指向岩层倾斜方向，调整罗盘位置使水准气泡居中，待磁针静止，读取指北针所指的方位角度数，就是所测的倾向方位。

测倾角：将罗盘仪竖放在层面上，使其长边与走向线垂直旋钮，待测角水泡居中，倾角指示器所指的度数即为岩层的倾角。

（2）岩层产状的表示方法。

岩层产状的记录方式有多种，文字记述中，产状常用方位角表示，只记述倾向和倾角。例如，用罗盘测量出某一岩层走向为 310°，倾向为 220°，倾角 35°，则记录为 220°∠35°（倾向∠倾角）；如需知道岩层的走向时，只需将倾向加减 90°，也可以把走向、倾向和倾角都记述，如一组走向为北西 320°，倾向南西 230°，倾角 35°的岩层产状，记录为 N320°W，S230°W，∠35°。

在地质图或平面图上标注产状要素时，需用符号和倾角表示。岩层的产状可用符号“┣^{35}”表示，长线表示岩层的走向，与长线垂直的短线表示岩层的倾向（长短线所示的均为实测方位），数字表示岩层的倾角。

二、褶皱认知

原来呈水平或近水平状态的岩层，在受到地壳运动所产生的强大水平力的挤压后产生柔性弯曲但未失去其连续性，这种弯曲的地层形态被称为褶皱构造，如图 2-2-6 和图 2-2-7 所示。

图 2-2-6　褶皱的形成

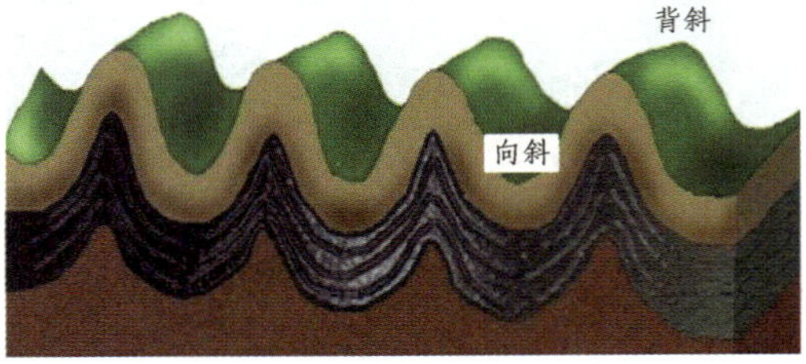

图 2-2-7　褶皱构造

1. 褶曲的类型

褶曲是褶皱构造中的一个弯曲，它是褶皱构造的组成单位。褶曲的基本类型有背斜和向斜两种，如表 2-2-1 所示。

（1）背斜：背斜是岩层向上隆起的褶曲，中心部分为较老岩层，向两侧依次变新。

（2）向斜：向斜是岩层向下凹的褶曲，中心部分为较新岩层，向两侧依次变老。

表 2-2-1　背斜和向斜

类　型	受力情况	图　例
背斜	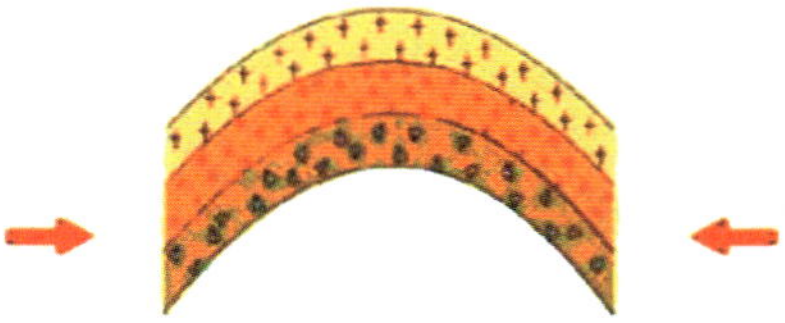	
向斜		

若岩石未经剥蚀，则背斜成山，向斜成谷，地表仅见到时代最新的地层；若褶皱遭受风化剥蚀，则背斜山被削平，整个地形变得比较平坦，甚至背斜遭受强烈剥蚀形成谷地，向斜反而成为山脊，称为逆地形，如图 2-2-8 所示。因此，不能够完全以地形的起伏情况作为识别褶皱类型的主要标志。

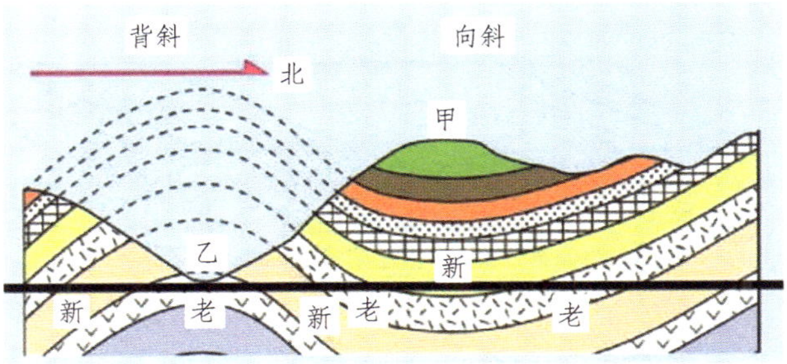

图 2-2-8　逆地形

背斜和向斜遭受风化剥蚀后，地表可见不同时代的地层出露。在平面上认识背斜和向斜，是根据岩层的新老关系及其分布规律来确定的。若中间为新地层，两侧依次对称出现老地层，则称为向斜。判断背斜和向斜的依据如表 2-2-2 所示。

表 2-2-2　背斜和向斜的判断依据和对地貌的影响

类型	判断依据		对地貌的影响	
	形态	岩层的新老关系	地形	成因
背斜	一般岩石向上拱起 	中心部分岩层较老，两翼岩层较新	山岭（新）	岩层上拱而成山
			谷地（新）	顶部受到张力，常被侵蚀成谷地
向斜	一般岩石向下弯曲 	中心部分岩层较新，两翼岩层较老	山岭（新）	岩层下弯而成谷
			谷地（新）	槽部岩性坚硬不易被侵蚀，常成山岭

2. 褶曲的要素

褶曲的要素包括核、翼、枢纽、轴面、轴线、脊线和槽线，如图 2-2-9 所示。

（1）核：指褶皱的中心部分。

（2）翼：指核部两侧对称出露的岩层，当背斜与向斜相连时，翼部是共有的。

（3）枢纽：枢纽指褶曲在同一层面上各最大弯曲点的连线，或者褶曲中同一层面与轴面的交线。

（4）轴面：轴面即褶曲轴面，以褶曲顶平分两翼的面，或者连接褶皱各层的枢纽构成的面。轴面可以是直立的、倾斜的或平卧的。

（5）轴线：轴线指褶曲轴面与水平面的交线。

（6）脊线：背斜横坡面上弯曲的最高点称为顶，背斜中同一岩层面上最高点的连线称脊线。

（7）槽线：向斜横剖面弯曲的最低点称为槽，向斜中同一岩层面上最低点的连线称槽线。

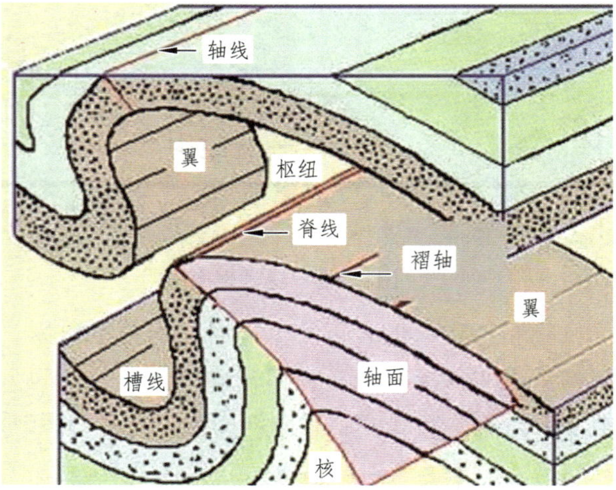

（a）

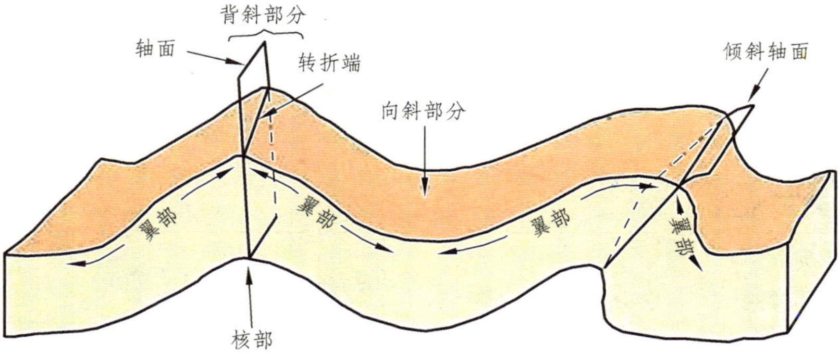

（b）

图 2-2-9　褶曲的要素

3. 褶曲的分类

褶曲的几何形态很多，其分类也不尽相同，下面介绍几种分类方法。

（1）按照褶曲的横剖面形态分类。

如图 2-2-10 所示，按照褶曲的轴面和两翼的产状分类可将褶曲分为以下 4 类：

① 直立褶曲：轴面直立，两翼岩层倾向相反，倾角基本相等。

② 倾斜褶曲：轴面倾斜，两翼岩层倾向相反，倾角不等。

③ 倒转褶曲：轴面倾斜，两翼岩层倾向相同，一翼岩层层位正常，另一翼老岩层

覆盖于新岩层之上，即岩层层位发生了倒转。

④ 平卧褶曲：轴面水平或近于水平，两翼岩层产状也近于水平，一翼岩层层位正常，另一翼岩层发生倒转。

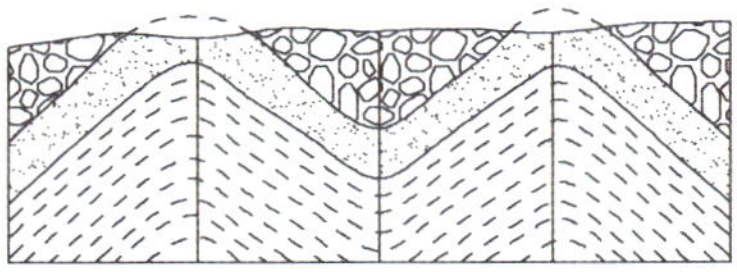

（a）直立褶曲

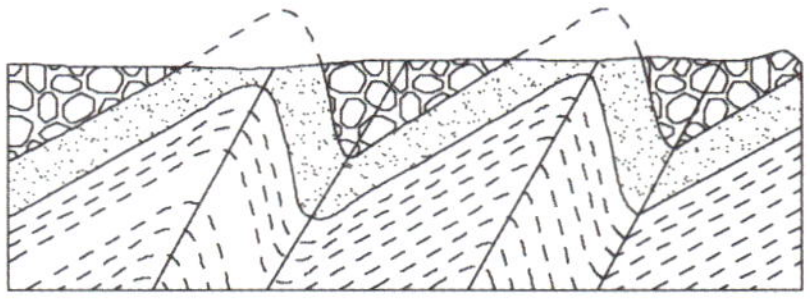

（b）倾斜褶曲

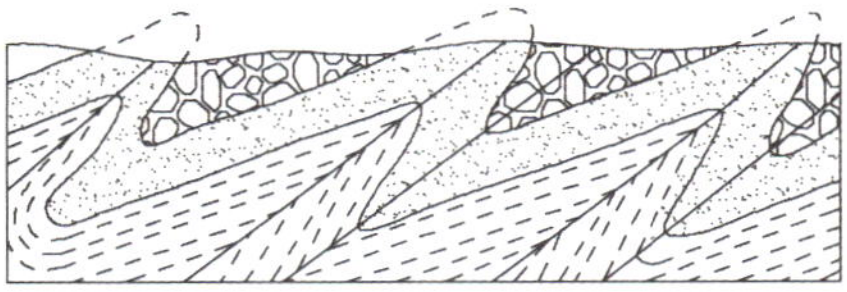

（c）倒转褶曲

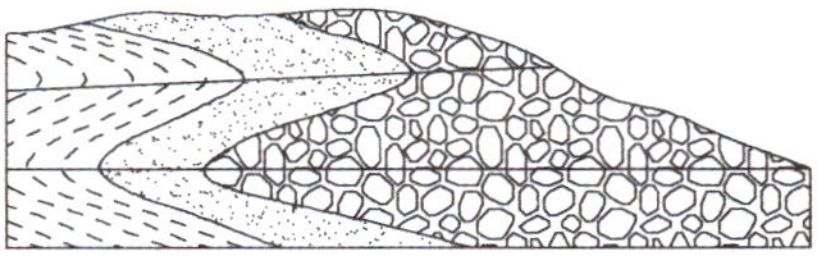

（d）平卧褶曲

图 2-2-10　褶曲按横剖面形态分类

（2）按照褶曲的纵剖面形态分类。

① 水平褶曲：褶曲枢纽近于水平延伸，两翼岩层走向大致平行并对称分布。

② 倾伏褶曲：褶曲枢纽向一端倾伏，两翼岩层的露头线不平行延伸，发生弧形合围，或呈“之”字形分布。在背斜的枢纽倾伏端和向斜的枢纽扬起端，两翼岩层逐渐转折汇合。

4. 褶皱构造的类型

褶皱是褶曲的组合形态，是两个或两个以上褶曲构造的组合，如图 2-2-11 所示。在褶皱比较强烈的地区，通常是线形的背斜与向斜相间排列，以大体一致的走向延伸，有规律地组合成不同形式的褶皱构造。如果褶皱剧烈，或在早期褶皱的基础上再经褶皱变动，就会形成更为复杂的褶皱构造，我国的一些著名山脉，如昆仑山、祁连山、秦岭等，都是这种复杂的褶皱构造山脉。

图 2-2-11　褶皱构造山脉

5. 褶皱的野外识别

在野外识别褶皱时，首先判断褶皱的基本形态是背斜还是向斜，然后确定其他形态特征。一般情况下，可认为背斜成山、向斜为谷，但实际情况要复杂得多。因为背斜遭受长期轴部裂隙发育，岩层较破碎且地形突出，剥蚀作用进行得较快，背斜山被夷为平地，甚至成为谷地，成为背斜谷；与此相反，向斜轴部岩层较为完整，并有剥蚀产物在此堆积，因而剥蚀速度较慢，最终导致向斜地形较相邻背斜高，形成向斜山。因此，不能完全以地形的起伏情况作为识别褶皱构造的主要标志。

褶皱的规模有大有小，小的褶皱可以在小范围内通过几个出露在地面的露头进行观察；大的褶皱，由于分布范围广，又常受到地形的影响，不可能通过几个露头窥其全貌。因此，在野外识别褶皱时，常采用下面方法的进行判别。

（1）穿越法。

穿越法是指将观察路线布置在与岩层走向或构造线大致直交的方向上，地质人员沿观察路线进行观察，记录所遇到的露头，并标定地质界线，作出地质剖面图的方法。路线之间的地质界线编绘，可以用内插法及岩层产状与地形关系（即“V”字形规则）来确定，用穿越法观察褶皱的具体步骤如下：

① 垂直于岩层走向观察岩层，确定其地质年代，并测量记录岩层产状。

首先，注意区别层理和其他次生面状构造，要系统地进行地层研究，根据古生物和岩石沉积特征查明地层层序、时代，划分地层单位。其次，在化石缺乏的地区，要注意利用岩石各种原始构造或伴生小构造（如层间小褶皱、劈理等）来查明岩层的产状是正常还是倒转以及岩层的相对顺序。

② 判断是否有褶皱存在。

分析是否有地层的中心对称重复，有地层中心对称重复则表示有褶皱存在，有几个重复对称中心就有几个褶皱。在观察地层层序及排列关系时，必须抓住某个标准岩层作为了解褶皱的标志层。

③ 判断褶皱的基本类型。

如果核部地层是老地层，两翼地层依次变新，则该褶皱为背斜，弱核部为新地层，两翼地层依次变老，则为向斜。

（2）追索法。

追索法即沿平行于岩层的走向（沿褶曲轴延伸方向）进行平面分析，了解褶曲轴的起伏及其平面形态的变化。若褶曲轴呈水平、直线状，或者在地质图上两翼岩层对称重复，但彼此不平行，且逐渐转折汇合，呈“S”形，则为倾伏褶曲。

在野外识别褶皱时，往往以穿越法为主，以追索法为辅，根据不同情况穿插使用两种方法。穿越法和追索法不仅是野外观察和识别褶曲的主要方法，也是野外观察和研究其他地质构造的基本方法。

6. 褶皱构造对工程建设的影响

褶皱核部岩层由于受水平挤压作用，产生许多裂隙（见图 2-2-12），直接影响到岩石的完整。褶皱的核部是岩层强烈变形的部位，常有断层发生，造成岩石破碎或形成构造角砾岩带。地下水多聚积在向斜核部，背斜核部的裂隙也往往是地下水富集和流动的通道，必须注意岩层的坍落、漏水及涌水问题。在石灰岩地区往往岩溶较为发育，由于岩层构造变形和地下水的影响，所以公路、隧道工程或桥梁工程在褶皱核部易遇到工程地质问题。

图 2-2-12　褶皱核部岩层裂隙

褶皱的翼部不同于核部，在褶皱翼部布置建筑工程时，如果开挖边坡的走向近于平行岩层走向，且边坡倾向与岩层倾向一致，边坡坡角大于岩层倾角，则容易造成顺层滑动现象。在褶皱两翼形成倾斜岩层容易造成顺层滑动，特别是当岩层倾向与临空面坡向一致且岩层倾角小于坡角，或当岩层中有软弱夹层，如有云母片岩、滑石片岩等软弱岩层存在时应慎重对待。

对于深路堑和高边坡来说，存在如下 3 种情况：

（1）有利情况：路线垂直岩层走向，或路线与岩层走向平行但岩层倾向与边坡倾向相反时，只就岩层产状与路线走向的关系而言，对路基边坡的稳定性是有利的。

（2）不利情况：路线走向与岩层的走向平行，边坡与岩层的倾向一致，特别在云母片岩、绿泥石片岩、滑石片岩、千枚岩等松软岩石分布地区，坡面容易发生风化剥蚀，产生严重碎落坍塌，对路基边坡及路基排水系统会造成经常性的危害。

（3）最不利情况：路线与岩层走向平行，岩层倾向与路基边坡一致，而边坡的坡角大于岩层的倾角，特别在石灰岩、砂岩与黏土质页岩互层，且有地下水作用时，如路堑开挖过深，边坡过陡，或者由于开挖使软弱构造面暴露，都容易引起斜坡岩层发生大规模的顺层滑动，破坏路基稳定。

三、节理认知

（一）节理的类型

由于岩石受力而出现的裂隙，但裂开面的两侧没有发生明显的（肉眼能看清楚的）位移，地质学上将这类裂缝称为节理（裂隙）。只要接触石头，到处都能见到节理，它是很常见的一种构造地质现象，如图 2-2-13a 所示。根据形成节理的力学性质不同，分为张节理和剪节理。

1. 剪节理

因地壳运动引起的剪应力作用而形成的断裂构造称为剪节理，其特点是裂缝平直、延伸方向稳定、裂隙面平整光滑。通常切穿岩石中的颗粒，有时两组同时出现，相交呈“X”形，多为闭合性节理，如图 2-2-13b 所示。

2. 张节理

岩层在地壳运动过程中受张拉应力作用产生的节理称张节理，张节理在褶皱构造的核部最为发育，其特点是裂口稍长，断裂面粗糙不平，面上无擦痕，裂面常绕过颗粒并很快在岩石中尖灭，如图 2-2-13c 所示。

（a）节理（裂隙）　　（b）剪节理　　（c）张节理

图 2-2-13　节理

（二）节理（裂隙）的工程地质评价

（1）节理（裂隙）破坏了岩石的完整性，使岩石的稳定性降低。

（2）节理（裂隙）为大气和水进入岩石内部提供了通道，加速了岩石的风化和破坏。

（3）节理（裂隙）会降低岩石的承载能力。

（4）节理（裂隙）常造成边坡的坍塌和滑动，以及造成地下洞室围岩的冒落。

（5）在挖方或采石中，节理（裂隙）的存在可以提高工作效率。

（6）节理（裂隙）是地下水的良好通道，对水文地质意义重大。岩石中节理（裂隙）的多少与规模大小，对岩石的承载力影响很大，这是工程地质研究中要特别重视的问题。

四、断层认知

岩层受构造应力作用发生断裂，沿断裂面两侧岩层发生了移动或明显错位的断裂构造被称为断层。

（一）断层的要素

断层的要素包括断盘、断层面、断层线、断距、断层破碎带等要素，如图 2-2-14

所示。

（1）断盘：断层面两侧的岩石，位于断层面上方的称为上盘，位于断层面下方的称为下盘，处于上升运动的为上升盘，处于下降运动的为下降盘。

（2）断层面：断层的破裂滑动面。

（3）断层线：断层面与地面的交线。

（4）断距：断层上下盘沿断层面发生相对位移的实际距离称为总断距；在垂直方向上的相对位移称为垂直断距或落差；在水平方向上的相对位移称为水平断距或错距。

（5）断层破碎带：多数断层其断裂面附近的岩石被构造应力挤碎，形成具有一定宽度的带状碎裂岩石称之为断层带。

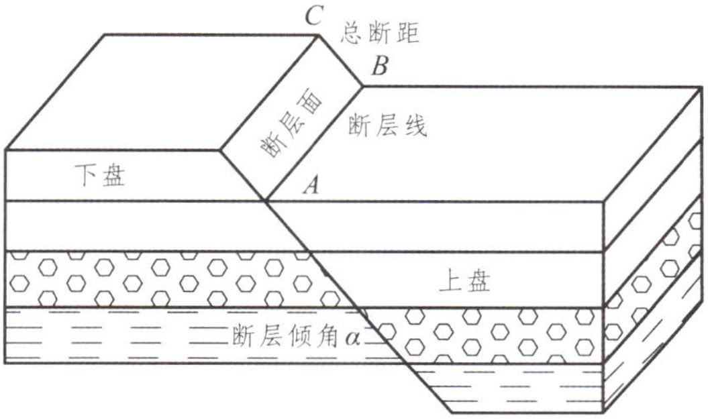

（a）

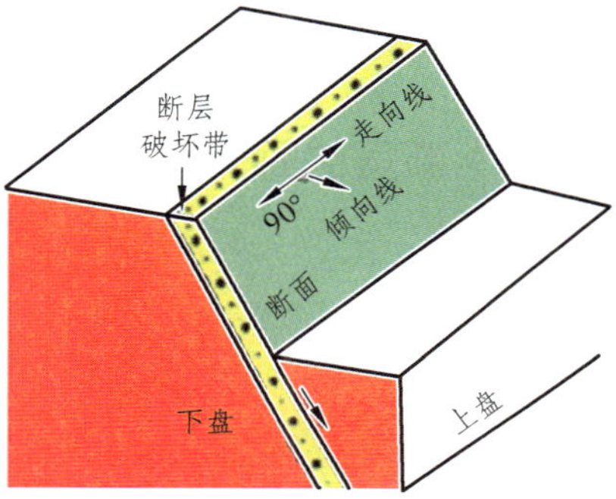

（b）

图 2-2-14 断层的要素

（二）断层的主要类型

断层可分为正断层、逆断层和平推断层 3 种类型，如图 2-2-15 所示。

（1）正断层：断层上盘沿断层面倾斜线相对向下移动，下盘相对向上移动。

（2）逆断层：断层上盘沿断层面相对向上移动，下盘相对向下移动。

（3）平移断层：断层的两盘沿断层面走向发生移动的断层（走滑型）。

（a）平移断层　（b）逆断层　（c）正断层

图 2-2-15 断层类型

（三）断层的组合类型

断层往往还成组出现，造成阶梯状构造、叠瓦状构造、地堑、地垒等各种复杂地质构造，如图 2-2-16 所示。

（1）阶梯状断层：由两条以上产状大体一致的正断层组合而成。

（2）叠瓦状断层：由数条产状大致相同的逆断层组合而成。

（3）地垒和地堑：两条以上的正断层，倾向相背、中间断盘相对上升称为地垒。反之，断层倾向相对、中间盘下降称为地堑。

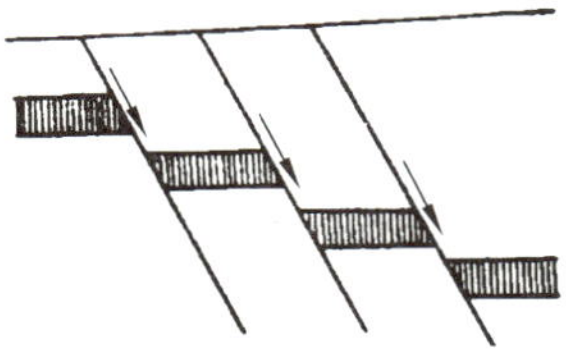

（a）阶梯状断层

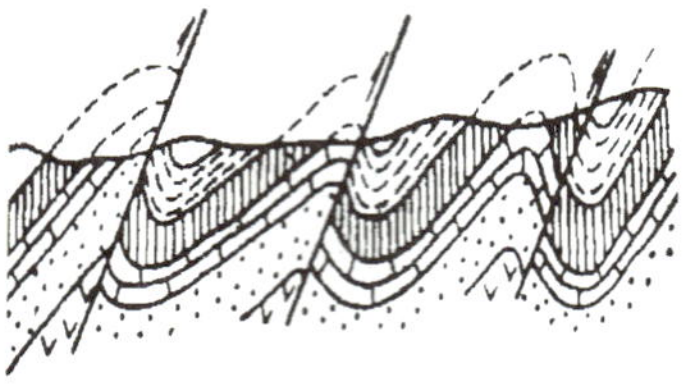

（b）叠瓦状断层

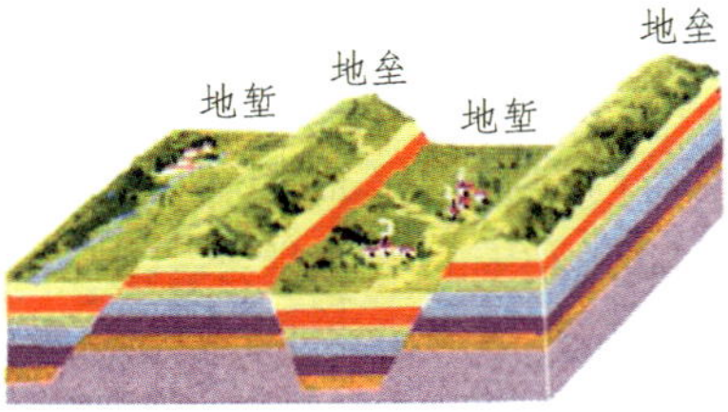

（c）地垒和地堑

图 2-2-16　断层的组合类型

（四）断层的野外识别

在自然界，大部分断层由于后期遭受剥蚀破坏和覆盖，在地表上暴露得不清楚，因此需根据地层、构造等直接证据和地貌、水文等方面的间接证据来判断断层的存在与否及断层的类型。

1. 地层的重复与缺失

在野外发现地层有不对称重复（褶皱为对称重复）或缺失现象，说明有断层存在，其规律如表 2-2-3 所示。

表 2-2-3　断层判断规律

走向断层倾向与岩层倾向关系	正断层	逆断层
相反	重复	缺失
相同，且断层面倾角较大	缺失	重复
相同，且断层面倾角较小	重复	缺失

2. 构造线和地质体的不连续

任何线状或面状的地质体，如地层、岩脉、岩体、变岩质的相带、不整合面、侵入体与围岩的接触界面、褶皱的枢纽及早期形成的断层等，在平面或剖面上的突然中断、错开等不连续现象是判断断层存在的一个重要标志。

3. 断层面（带）上的构造特征

识别断层的直观证据，即在眼前方寸之地内所能见到的若干构造现象，最常见的如断层擦痕，就是断层两侧 岩块相互滑动和摩擦时留下的痕迹，由一系列彼此平行而且较为均匀的细密线条组成，或为一系列相间排列的擦脊与擦槽构成。在坚脆岩石的断层擦痕的表面，往往平滑明亮，发光如镜，并常覆以炭质、硅质、铁质或碳酸盐质的薄膜，有时也在断层的擦面上见到不规则的阶梯状断口，其上覆以纤维状的矿物（如方解石之类）晶体。

（五）断层的工程地质评价

断层是在地球表面沿一个破裂面或破裂带两侧发生相对位错的现象。由于岩层发生强烈的断裂变动，导致岩石裂隙增多、岩石破碎、风化严重、地下水发育充分，从而降低了岩石的强度和稳定性，对工程建设造成了不利的影响。主要表现为以下几个方面：

（1）跨越断裂构造带的建筑物，由于断裂带及其两侧上、下盘的岩性可能不同，易产生不均匀沉降。

（2）隧道工程通过断裂带时易发生坍塌。在断层发育地段修建隧道，是最不利的一种情况。由于岩层的整体性遭到破坏，加之地面水或地下水的侵入，其强度和稳定性都很差，容易产生洞顶塌落，影响施工安全。如果断层破碎带的规模很大，或者穿越断层带时，会使施工十分困难。因此，在确定隧道平面位置时，要尽量设法避开。

（3）断层构造地带沿断裂面附近的岩块因强烈挤压而产生破碎，往往形成一条破碎带。因此，隧道工程通过断层时必须采取相应的工程加固措施，以免发生崩塌。

（4）断裂带在新的地壳运动影响下，可能发生新的移动，从而影响建筑物的稳定，降低地基岩石的强度和稳定性。

（5）断层破碎带力学强度低、压缩性大，建于其上的建筑物由于地基的较大沉陷，易造成断裂或倾斜。

（6）断裂面对岩质边坡、坝基及桥基稳定常有重要影响。

习 题

（1）褶曲存在的地层标志是（　　）。

A. 地层对称重复　　B. 地层不对称重复

C. 地层不对称缺失　　D. 地层对顶

（2）褶曲按横剖面形态分类，主要依据褶曲（　　）的相互关系分类。

A. 枢纽和轴面产状　　B. 轴面产状和两翼岩层产状

C. 轴面产状和轴线产状　　D. 枢纽和两翼岩层产状

（3）当岩层走向与断层倾向一致时，叫作（　　）。

A. 走向断层　　B. 倾向断层　　C. 斜交断层　　D. 横断层

（4）节理按成因分为原生节理、构造节理和（　　）。

A. 冷缩节理　　B. 张节理　　C. 成岩节理　　D. 次生节理

（5）逆断层是指断层的（　　）的现象。

A. 下盘相对向上运动　　B. 下盘向对向下运动

C. 上盘相对向下运动　　D. 两盘水平错动

任务三　地　貌

【任务目标】

（1）掌握地貌分类。

（2）掌握地貌分级。

【任务学习引领】

（1）地貌和地形指什么？

（2）地貌类型有哪些？

【学生活动】

（1）仔细阅读任务知识点，对重要知识点（地貌分类）做好标记。

（2）以小组为单位收集各种地貌图片并制作成图集。

【任务知识点】

一、地貌基本概念

地貌学是指研究地壳表面的形态特征、成因、发展和分布规律的学科。地球表面不断发展变化的物质过程称地貌过程。地形是指地球表面起伏形态的外部特征。在测绘工作中，地形是地表起伏和地物的总称。地形起伏的趋势一般称为地势，通常用地形图表示，如着重反映地表形态的普通地图。

（一）地貌的形成

不同地貌有着不同的成因，但概括地讲，地貌是由两种原因造成的，一是地球的内力作用，二是外力作用。

地貌是内外力共同作用的结果，内力作用造就地表的起伏，外力作用使地表原有的起伏不断降低变缓，因此地貌形成过程中的内外营力是一对矛盾。地貌的形成不仅取决于内外营力作用类型的差异，而且还取决于内外营力过程的对比。

（二）地貌形态

地貌形态是以单个形态或形态组合的方式存在的，包含地貌的高度和坡度。通常把地貌形态中较小、较简单的地貌形态，如冲沟、沙丘、冲出锥等，称为地貌基本形态（见图 2-3-1）。另一类范围较大，包括若干地貌基本形态的组合体，称为地貌形态组合。

（a）冲沟

（b）沙丘

（c）冲出锥

图 2-3-1　地貌基本形态

二、地貌分类

（一）按地貌形态分类

地貌按形态可分为山地、高原、盆地、洼地、丘陵和平原。

1. 山　地

山地是指海拔在 500 m 以上的高地，起伏很大，坡度陡峻，沟谷幽深，一般多呈脉状分布。山地是一个多山的地域，有别于单一的山或山脉，如图 2-3-2a 所示。

我国是个山地众多的国家，境内有喜马拉雅山、天山、昆仑山等著名山脉。其中，喜马拉雅山山脉最高峰珠穆朗玛峰，高达 8 844.43 m，为世界第一高峰。

2. 高　原

高原是海拔在 500 m 以上广阔而平坦的大片高地。我国民族地区的高原有青藏高原、内蒙古高原和云贵高原。

青藏高原包括西藏和青海的全部，是我国面积最大的高原。高原上湖泊星罗棋布，高山终年积雪，冰川分布广泛。

内蒙古高原位于我国北部，是我国著名的天然牧场。高原坦荡开阔，地面起伏和缓，海拔多在 1 000 m 左右。

云贵高原位于我国西南部，高原的地势从西北向东南倾斜，平均海拔 1 000 ~ 2 000 m，如图 2-3-2b 所示。云贵高原上石灰岩分布很广，喀斯特地貌非常发育，石林、石芽、峰林等地貌随处可见。

3. 盆　地

盆地是低于周围山地相对凹下的地表形态。

我国的大型盆地都分布在西北内陆地区，著名的盆地有塔里木盆地、准噶尔盆地和柴达木盆地以及四川盆地。

塔里木盆地是我国最大的内陆盆地。由于盆地地处内陆深处，地形封闭，气候极端干旱，植被稀疏，风蚀、风积作用特别强烈，盆地内的塔克拉玛干沙漠是我国最大的沙漠。

准噶尔盆地位于天山、阿尔泰山之间，是我国第二大内陆盆地，盆地中央的古尔班通古特沙漠也是我国第二大沙漠。盆地内草场辽阔，畜牧业发达，绿洲主要分布在靠天山的盆地南缘。

柴达木盆地地处青藏高原北部，盆地中分布着许多盐湖和盐沼，盐矿资源品种繁多，储量极为丰富。

四川盆地位于四川省东部，是我国典型的山间盆地，内部丘陵、低山多，海拔多在 500 m 左右。盆地在形成的过程中，周围山地、高原的细沙和泥土被流水冲积到盆底，含铁、磷、钾的物质经过氧化变成紫红色，所以又称“紫色盆地”，如图 2-3-2c 所示。

4. 洼　地

洼地是指近似封闭的比周围地面低洼的地形，如图 2-3-2d 所示。洼地通常有两种：（1）指陆地上的局部低洼部分。洼地因排水不良，中心部分常积水成湖泊、沼泽或盐沼。（2）指位于海平面以下的内陆盆地，如新疆吐鲁番盆地，盆地最低部分的艾丁湖面海拔 -155 m，是全国最低的洼地，盆地北部的博格达山海拔 3 500 ~ 4 000 m，其最高峰博格达峰海拔 5 445 m，两者高差 5 600 m，距离仅有 150 km 左右。

5. 丘　陵

山地海拔高度不超过 500 m，相对高度一般在 100 m 以下，地势起伏，坡度较缓。我国丘陵主要有广西丘陵、闽东沿海丘陵，如图 2-3-2e 所示。

6. 平　原

平原是地势低平、面积辽阔的陆地。根据平原的高度，把海拔 0 ~ 200 m 的平原称为低平原，如我国的东北平原、华北平原、长江中下游平原；把海拔高于 200 m 的平原称为高平原，如我国的成都平原，如图 2-3-2f 所示。

（a）山地地貌

（b）云贵高原

（c）四川盆地

（d）洼地　　（e）广西丘陵　　（f）成都平原

图 2-3-2　地貌形态

（二）按地貌成因分类

地貌成因分类如表 2-3-1 所示。

表 2-3-1　地貌成因分类

地貌类型		成因类型	地貌形态
内生地貌	构造地貌	由构造运动所形成的地貌	单面山、断块山、构造平原等
	火山地貌	由火山喷发作用所形成的地貌	火山锥、熔岩盖等
外生地貌	流水地貌	由地表流水所塑造的地貌	冲沟、河谷阶地、洪积扇等
	岩溶地貌	由水溶蚀作用所形成的地貌	石林、溶洞等
	冰川地貌	由冰川作用所形成的地貌	冰斗、角峰等
	风沙地貌	风的地质作用所形成的地貌	风蚀谷、沙丘等
	重力地貌	不稳定的岩土在重力作用下形成的地貌	崩塌、滑坡等

我国地貌类型复杂多样，在内陆干洼地区，有以风力作用为主的沙漠和戈壁地貌，约占全国面积的 13.8%，其中 95%以上的沙漠和戈壁地貌位于内蒙古、宁夏、青海等民族聚居地区。

在西部高山地区，现代冰川覆盖面积达 5.37×10^6 km^2；在大兴安岭、青藏高原以及天山、阿尔泰山和祁连山等地区，多年冻土分布面积有 2.15×10^6 km^2。

在广西、贵州和云南东部出露大面积的碳酸盐类岩石，面积约占全国同类岩石的 42%。在湿热气候条件下，岩溶作用强烈，发育了典型的喀斯特地貌。

在黄土高原边缘的民族地区，西起湟水流域，经六盘山麓、鄂尔多斯高原，东止西辽河流域的广大范围内，堆积的黄土经流水作用，侵蚀发育了现代的各种黄土地貌。

在长白山、大岭、内蒙古高原东部以及滇东、黔西、桂西有广泛的玄武岩喷发，形成熔岩地貌，如长白山峰顶的天池就是一个火口湖，在内蒙古锡林郭勒盟北部和中部散布着 348 座死火山。

三、地貌分级

地貌按不同等级可分为巨型地貌、大型地貌、中型地貌和小型地貌。

（1）巨型地貌：地球上的大陆和洋盆，是高度上具有显著差异的两类地貌，它们由内力作用形成。

（2）大型地貌：陆地上的山岳、平原、大型盆地，洋盆中的海底山脉、洋脊和海底平原等属于大型地貌。

（3）中型地貌：大型地貌内的次一级地貌，如山岳地形中的分水岭山地、山间盆地，平原中的分水地区和河谷区等。其成因不完全取决于内力地质作用，外力地质作用在很大程度上塑造了中型地貌。

（4）小型地貌：是中型地貌的各个组成部分，是一些地貌基本形态和较小地貌形态的组合，例如山脊、谷坡和河谷等。它们的形态特征，主要取决于外力地质作用，并受到岩性的影响。

习　题

（1）地貌按其形态分类可分为山地、高原、盆地、丘陵和（　　）。

A. 平原　　B. 火山　　C. 岩溶　　D. 岩浆岩

（2）属于重力式地貌的是（　　）。

A. 石林　　B. 冲沟　　C. 岩溶　　D. 滑坡

（3）巨型地貌是（　　）作用形成。

A. 水平运动　　B. 内力　　C. 外力　　D. 垂直运动

（4）山地是指海拔在（　　）以上的高地

A. 500 m　　B. 1 000 m　　C. 1 500 m　　D. 2 000 m

（5）不属于小型地貌的是（　　）。

A. 山脊　　B. 山间盆地　　C. 河谷　　D. 谷坡

项目三　地表水与地下水

项目概述

- 本项目包括 2 个学习任务：地表水、地下水。
- 要求通过学习掌握地表水和地下水对土木工程的影响。

学习目标

项目名称	任务分解	知识点
项目三 地表水与地下水	地表水	地表水的基本概念
		地表水的地质作用
		地表水对土木工程的影响
	地下水	地下水的基本类型
		地下水的物理性质和化学性质
		地下水对土木工程的影响

任务一　地表水

【任务目标】

（1）掌握地表水的地质作用。

（2）掌握地表水对土木工程的影响。

【任务学习引领】

（1）地表水的定义是什么？

（2）地表水的地质作用类型有哪些？

【学生活动】

（1）仔细阅读任务知识点，对重要知识点（地表水对土木工程的影响）做好标记。

（2）以小组为单位网上搜集地表水地质作用引起的工程地质问题案例，并进行分析。

【任务知识点】

一、自然界水的存在形式

自然界的水以气态、固态和液态 3 种不同的形式存在于大气层、地表和地表以下的岩土孔隙、裂隙和空洞中，并分别被称为大气水、地表水和地下水。

以云、雾、雨、雪和冰雹等形式存在于大气层中的水分称为大气水，降落到地壳表面上时，称为大气降水。以液态或固态的形式存在于江河、湖泊、海洋、南北两极以及高山地区的水称为地表水。以固态、液态或水汽形式存在于岩石以及土的裂隙、孔隙和空洞中的水称为地下水。

人类赖以生存和活动的地方是大陆，陆地上的水主要为地表水和地下水，其组成如图 3-1-1 所示。

- 陆地水
  - 地表水
    - 江水、河水
    - 湖水、沼泽水
    - 冰川水
  - 地下水
    - 浅层地下水——潜水
    - 深层地下水——承压水

图 3-1-1　陆地水的组成

二、地表水的地质作用

地表水对坡面的洗刷作用及河谷和沟谷的冲刷作用，均不断使原有地面遭到破坏。这种作用称为侵蚀作用，会引起沟谷斜坡坍塌、河岸坍塌等各种不良地质现象。山区公路和铁路多沿河布设，修建在河流斜坡和河流阶地上。因此，研究地表水的侵蚀作用对该地区的工程建设具有十分重要的意义。地表水的地质作用主要分为暂时性流水的地质作用和河流的地质作用两类。

（一）暂时性流水的地质作用

1. 淋滤作用与残积层

（1）淋滤作用。

大气降水渗入地下的过程中，渗流水不但能把地表附近的细屑破碎物质带走，还能把周围岩石中易溶解的成分带走。经过渗流水的这些物理和化学作用后，地表附近岩石逐渐失去其完整性，致密性，残留在原地的又不易溶解的松散物质则未被冲走，这个过程称为淋滤作用。

（2）残积层。

残留在原地的松散破碎物质，成层地覆盖在地表形成残积层，如图 3-1-2 所示。

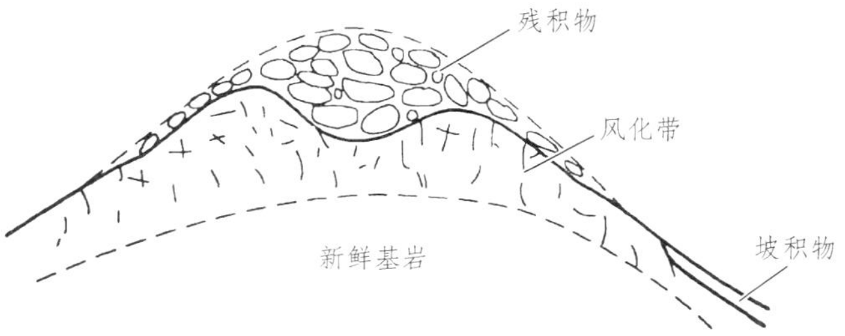

图 3-1-2　残积物（层）

① 残积层的特征。

残积物向上逐渐过渡为土壤层。土壤层直接分布在地表，富含有机质且颜色较深，或有植物根系分布其中。残积层向下逐渐过渡为半风化岩石或弱风化岩石。土壤层、残积层和风化岩形成完整的风化壳，残积碎屑物由地表向深处由细变粗是其最重要的特征。

残积物不具有层理，碎屑物质大小不均匀，棱角显著无分选，粒度和成分受气候条件和母岩岩性控制。在干旱或寒冷地区，化学风化作用微弱，以物理风化作用为主，岩石风化产物多为棱角状的砂砾等粗碎屑物质，其中缺少黏土矿物。在垂直剖面上，上部碎屑的粒径较小，向下部逐渐粗大。半干旱地区，除物理风化作用外，还有化学风化作用进行，残积物中常形成黏土矿物、铁的氢氧化物、钙和镁碳酸盐以及石膏等。气候潮湿地区，化学风化作用活跃，物理风化作用不发育，残积物主要由黏土矿物组成，厚度相应增大。气候湿热地区，残积物中除黏土矿物外，铝土矿和铁的氢氧化物含量高，常为红色。

残积物成分与母岩岩性关系密切。花岗岩的残积物中常含有由长石分解形成的黏土矿物，而石英则破碎成为细砂，石灰岩的残积物往往成为红黏土。矿屑沉积岩的残积物外观上变化不大，仅恢复其未固结前松散状态的特征。

残积物的厚度往往与地形条件有关。陡坡和山顶部位因常被侵蚀而厚度较小，平斜的斜坡和山谷低洼处因不易被侵蚀而厚度较大。

② 残积层的工程地质问题。

残积层的工程地质性质，主要取决于矿物成分结构和构造等因素。

残积层具有较多的孔隙和裂缝，易遭冲刷，强度和稳定性较差。由于残积层孔隙多，加上成分和厚度很不均匀，所以作为建筑物的地基时，应考虑其承载能力和可能产生的不均匀沉降。同时，由于残积层结构比较松散，作为路堑边坡时，应考虑可能出现的坍塌和冲刷等问题。

2. 洗刷作用与坡积层

（1）洗刷作用。

雨水、融雪水对整个坡面所进行的这种比较均匀、缓慢和在短期内并不显著的地质作用，称为洗刷作用。

洗刷作用的强度和规模，在一定的气候条件下与山坡的岩性、风化程度和坡面植物的覆盖程度有关，一般在缺少植物的土质山坡或风化严重的软弱岩质山坡上洗刷作用比较显著。

（2）坡积层。

雨水降落到地面或覆盖地面的积雪融化时，其中一部分被蒸发，一部分渗入地下，剩下的部分则形成无数的网状坡面细流，从高处沿斜坡向低处缓慢流动，时而冲刷，时而沉积，不断使坡面的风化岩屑和黏土物质沿斜坡向下移动，最后在坡脚或山坡的低凹处沉积下来形成坡积层。可以看出，雨水、融雪的洗刷作用，一方面对山坡地貌起着逐渐变缓和均夷坡面起伏的作用，对坡面地貌状态形态的发展产生影响，另一方面伴随产生松散堆积物，形成坡积层，如图 3-1-3 所示。

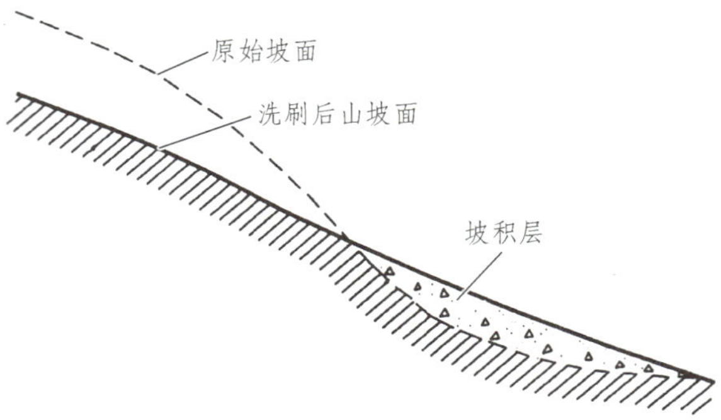

图 3-1-3　坡积层的形成

综上所述，由坡面细流的侵蚀、搬运和沉积作用在坡脚或山坡低凹处形成的新沉积层称为坡积层。坡积层是山区公路勘测设计中经常遇到的第四纪陆相沉积物中的一个成因类型，它顺着坡面沿山坡的坡脚或山坡的凹坡呈缓倾裙状分布。

① 坡积层的特征。

坡积层的厚度变化较大，一般是中下部较厚，向山坡上部及远离山脚方向均逐渐变薄至尖灭。坡积层可分为山地坡积层和山麓平原坡积层两个亚组。

坡积层多由碎石（见图 3-1-4）和黏性土组成，其成分与下伏基岩无关，而与山坡上部基岩成分有关。山地坡积层一般以粉质黏土夹碎石为主（见图 3-1-5），而山麓平原坡积层则以粉质黏土为主，夹有少量的碎石。在我国干旱半干旱地区的山麓平原坡积层，常具有黄土的某些特性。

图 3-1-4　碎石坡积层

图 3-1-5　粉质黏土夹碎石坡积层

由于从山坡上部的坡脚搬运距离较短，因此坡积层层理不明显，碎石棱角清楚。

坡积层松散、富水，作为建筑物地基强度很差。坡积层很容易发生滑动，概括起来影响坡积层稳定的因素，主要有下伏岩层顶面的倾斜程度、下伏基岩与坡积层接触带的含水情况、坡积层的本身性质等三个方面。

② 坡积层的工程地质问题。

a. 产生沿下卧残积层或者基岩面的滑动。

当坡积层的厚度较小时，其稳定程度首先取决于下伏岩层顶面的倾斜程度，如下伏地形或岩层顶面与坡积层的倾斜方向一致且坡度较陡时，尽管地面坡度很缓，也易于发生滑动。山坡或河谷谷坡上的坡积层的滑动，经常是沿着下伏地面或基岩的顶面发生的。

当坡积层与下伏基岩接触带有水渗入而变得软弱湿润时，将显著降低坡积层与基岩顶面的摩阻力，更容易引起坡积层发生滑动。坡积层内的挖方边坡在久雨之后容易产生坍方，水的作用是一个带有普遍性的原因。

b. 引起建筑物的不均匀沉降。

由于坡积层的孔隙度一般都比较高，特别是在黏土颗粒含量高的坡积层中，雨季含水量增加，不仅增大了自身的重量，而且抗剪强度随之降低，因而稳定性就跟着大为减弱。以粗碎屑为主组成的坡积层，其稳定性受水的影响一般不像黏土颗粒那样显著。坡积层稳定性下降易导致其上建筑物的不均匀沉降。

3. 冲刷作用与洪积层

（1）冲刷作用。

山洪急流沿沟谷流动时，由于集中了大量的水，且沟底坡度大、流速快，因而拥有巨大的动能，对沟谷的岩石具有很大的破坏力。河流以其自身的水力和携带的砂石，对沟底和沟壁进行冲击和磨蚀，这个过程称为洪流的冲刷作用。

① 冲沟的形成和发展。

冲刷作用形成的沟底狭窄、两壁陡峭的沟谷叫冲沟（见图 3-1-6）。初始形成的冲沟在洪流的不断作用下，可以不断地加深、拓宽和向沟头方向伸长，并可在冲沟沟壁上形成支沟。在降雨量较集中、缺少植被保护、由第四纪松散沉积物堆积的地区，极易形成冲沟。例如，我国黄土地区，冲沟发展迅速常常把地面切割得支离破碎，形成千沟万壑，进一步发展，可使地面成为由大小冲沟密布的地形。冲沟的发展是以溯源侵蚀的方式由沟头向上逐渐延伸发展的，其大致可以分为以下 4 个阶段：

a. 冲槽阶段。

坡面径流局部汇流于凹坡，开始沿凹坡发生集中冲刷，形成不深的冲沟。沟床的纵剖面与斜坡剖面基本一致。在此阶段，只要填平沟槽，调节坡面流水不再汇注，种植草皮保护坡面，即可使冲沟不再发展。

b. 下切阶段。

由于冲沟不断发展，沟槽汇水增大，沟头下切，沟壁坍塌，使冲沟不断向上延伸和逐渐加宽，此时的沟床纵剖面与斜坡已不一致，出现悬沟陡坎，在沟口平缓地带开始有洪积物堆积（见图 3-1-7）。在此阶段，如果能够采取积极的工程防护措施，如加固沟头、铺砌沟底、设置跌水和加固沟壁等，可防止冲沟进一步发展。

c. 平衡阶段。

悬沟陡坎已经消失，沟床已下切拓宽，形成凹形的平缓剖面，冲刷逐渐减弱，沟底开始有洪积物堆积。在此阶段，应注意冲沟发生侧蚀和加固沟壁。

d. 休止阶段。

沟头溯源侵蚀结束，沟床下切基本停止，沟底有洪积物堆积，并开始有植物生长。

图 3-1-6　冲沟

图 3-1-7　洪积物堆积

② 冲沟的工程地质问题。

冲沟的发展常使路基被冲毁、边坡坍塌，对道路工程建设也造成很大困难。在冲沟地区修筑道路时，首先应查明该地区冲沟形成的各种条件和原因，特别要研究该地区冲沟的活动程度，分清哪些冲沟正处于剧烈发展阶段。

③ 冲沟的防治措施。

冲沟的防治措施如表 3-1-1 所示。

表 3-1-1　冲沟的防治措施

阶　段	防治措施
衰老休止阶段	调整地表水流、填平洼地、禁止滥伐树木、人工种植草皮等。
发展阶段的冲沟	必须从上部截断水源，用排水沟将地表水疏导到固定槽沟中，同时在沟头、沟底和沟壁受冲刷处采取加固措施。在大冲沟中筑石堰、修梯田，沿沟铺设固定排水槽，也是有效措施
暂时处于休止状态	由于沟壁坡度平缓，沟底宽平且有沉积物，沟壁和沟底都有植物生长，表明冲沟发展暂时处于休止状态，应当大量种植草皮和多年生植物加固沟壁，以免支沟重新复活。新建道路通过应尽量少挖方，新开挖的边坡则应及时采取保护措施

（2）洪积层。

集中暴雨或积雪骤然大量融化，都会在短时间内形成巨大的地表暂时流水，一般称为山洪急流。山洪急流具有极强的侵蚀和搬运能力，并把冲刷下来的碎屑物质带到山麓平原或沟谷口堆积下来，形成洪积层。

① 洪积层的主要表现形式。

洪积层是由山洪急流搬运的碎屑物质组成的。当山洪夹带大量的泥砂石流出沟口后，由于沟床纵坡变缓，地形开阔，水流分散，流速降低，搬运能力骤然减小，所夹带的石块、岩屑、砂砾等粗大碎屑先在沟口堆积下来，较细的泥沙继续随水搬运，多堆积在沟口外围一带。由于山洪急流的长期作用，在沟口一带就形成了扇形展布的堆积体，在地貌上称为洪积扇（见图 3-1-8）。洪积扇的规模逐年增大，有时与相邻沟谷的洪积扇互相连接起来，形成规模更大的洪积群（见图 3-1-9）或洪积冲积平原（见图 3-1-10）。

图 3-1-8　洪积扇

图 3-1-9　洪积群

图 3-1-10　洪积冲积平原

② 洪积层的特征。

a. 组成物质分选不良，粗细混杂，碎屑物质多带棱角，磨圆度不佳；

b. 有不规则的交错层理、透镜体、尖灭及夹层等；

c. 山前洪积层由于周期性的干燥，常含有可溶盐类物质，在土粒和细碎屑间，往往形成局部的软弱结晶联结，但遇水作用后，联结就会破坏。

③ 洪积层的工程地质问题。

洪积层主要分布于山麓坡脚的沟谷出口地带及山前平原，从地形上看，是有利于工程建设的。由于洪积物在搬运和沉积过程中的某些特点，规模很大的洪积层一般可划分为 3 个工程地质条件不同的地段：靠近山坡沟口的粗碎屑沉积地段孔隙大、透水性强、地下水埋藏深、压缩性小、承载力比较高，是良好的天然地基；洪积层外围的细碎屑沉积地段，如果在沉积过程中受到周期性的干燥，黏土颗粒发生凝聚并析出可溶盐分时，洪积层的结构颇为结实，承载力也比较高；在上述两地段之间为过渡带，因为常有地下水溢出，水文地质条件不良，对工程建设不利。

（二）河流的地质作用

河流普遍分布于不同的自然地理带，是改造地表的主要地质营力之一。由河流作用所形成的谷地称为河谷。河谷的形态要素包括谷坡和谷底两大部分（见图 3-1-11）。谷底包括河床和河漫滩。河床是指平水期河水占据的谷底，也称为河槽。河漫滩是经常被洪水淹没的谷底部分。谷坡是河谷两侧因河流侵蚀而形成的岸坡。古老的谷坡上常发育有洪水不能淹没的阶地，阶地是被抬升的古老的河谷谷底。谷坡与谷底的交界称为坡麓，谷坡与山坡交界的转折处称为谷缘，也称为谷肩。河流的侵蚀搬运和堆积作用，可以认为是河水与河床动平衡不断发展的结果。

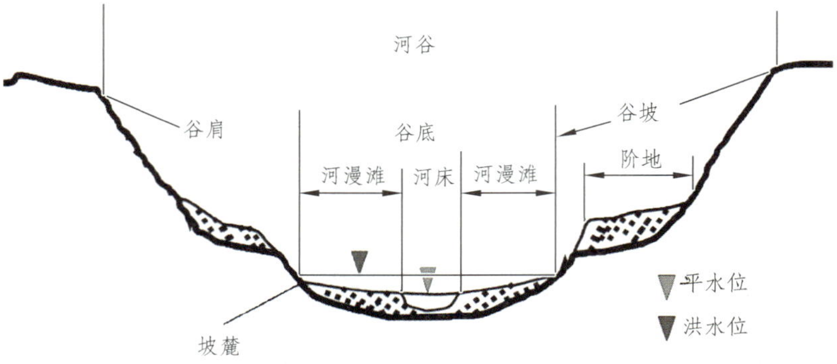

图 3-1-11　河谷的形态要素

在山区，由于地貌复杂，为了提高路线的基本指标，减少工程量，公路多利用河谷布设。不论路线位置的确认或路基设计的某些原则，都必须充分考虑河流冲积层的工程地质性质和河流地质作用对路基稳定性的影响。

一条河流从河滩到河口一般可分为上游、中游和下游 3 段。上游多位于高山峡谷，急流险滩多，河流较直，流量不大但流速很高，河谷横断面多呈“V”字形。中游河谷较宽广，河漫滩和河流阶地发育，横断面多呈“U”字形。下游多位于平原地区，流量大而流速较低，河谷宽广，河曲发育，在河口处易形成三角洲，如图 3-1-12 所示。

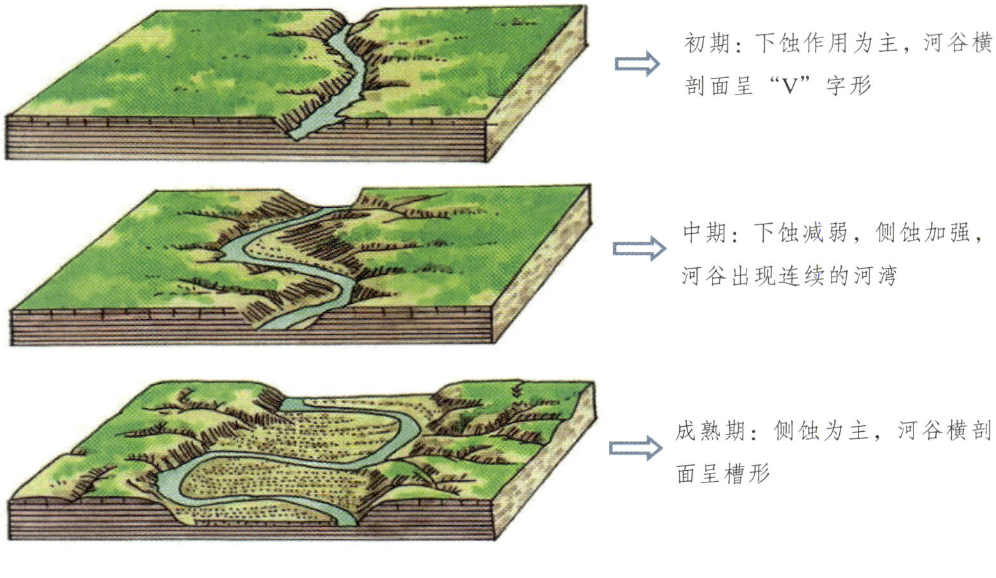

图 3-1-12 河谷演变过程

河流的侵蚀作用、搬运作用和沉积作用在整条河流上同时进行，相互影响。在河流的不同段路上，三种作用进行的强度并不相同，常以某一种作用为主。

1. 河流的侵蚀作用

河水在流动的过程中不断加深和拓宽河床的作用称为河流的侵蚀作用。按其作用的方式，可分为溶蚀和机械侵蚀两种。

（1）溶蚀。

溶蚀是指河水对组成河床的可溶性岩石不断地进行化学溶解，使之逐渐流失的侵蚀作用。河流的溶蚀作用在石灰岩、白云岩等可溶性岩类分布地区比较显著。此外，河水对其他岩石中可溶性矿物的溶解，使岩石的结构松散破坏，则有利于机械侵蚀作用的进行。

（2）机械侵蚀。

机械侵蚀作用包括流动的河水对河床组成物质的直接冲击和夹带的砂石、卵石等固体物质对河床的磨蚀。机械的侵蚀在河流的侵蚀作用中具有普遍的意义，它是山区河流的一种主要侵蚀方式。河流的侵蚀作用，按照河床不断地加深和拓宽的发展过程，可分为下蚀作用和侧蚀作用。下蚀作用是河流侵蚀过程中互相制约和互相影响的两个方面。

① 下蚀作用。

河水在流动过程中使河床逐渐下切加深的作用，称为河流的下蚀作用。河水夹带固体物质对河床的机械破坏，是河流下蚀的主要因素。其作用强度取决于河水的流速和流量，同时也与河床的岩性和地质构造有密切的关系。当河床的流速和流量大时，则下蚀作用的能量大，如果组成河床的岩石坚硬且无构造破坏现象，则会抑制河水对河床的下切速度。反之，如果河床岩性松软或受到构造作用的破坏，则下蚀易于进行，河床下切过程加快。

河床的侵蚀过程总是从河的下游逐渐向河源方向发展的，这种溯源推进的侵蚀过程称为溯源侵蚀。分水岭不断遭到侵蚀切割，河流长度的不断增加，以及河流的袭夺现象，都是河流溯源侵蚀造成的结果。

河流的下蚀作用并不是无止境的继续下去，而是有它自己的基准面。因为随着下蚀作用的发展，河床不断加深，河流的纵坡逐渐变缓，流速降低，侵蚀能量减小，达到一定的基准面后，河流的侵蚀作用将趋于消失。河流下蚀作用消失的平面，称为侵蚀基准面。大陆上的河流大部分都流入海洋，而且海洋的水面也较稳定，所以又把海平面称为基本侵蚀基准面。侵蚀基准面并不是固定不变的，由于构造运动的区域性和差异性，会引起水系侵蚀基准面发生变化。侵蚀基准面一经变动，则会引起相关水系的侵蚀和堆积过程发生重大的改变。所以，根据河谷侵蚀与堆积地貌组合形态的研究，能够对地区新构造运动的情况作出判断。下蚀作用形成的峡谷地貌如图 3-1-13 所示。

（a）

（b）

图 3-1-13　下蚀作用形成的峡谷地貌

② 侧蚀作用。

河流以携带的泥、砂、砾石为工具，并以自身的动能和溶解力对河床两岸的岩石进行侵蚀，使河谷加宽的作用称为侧蚀作用。河流的中下游以及平原区的河流，由于河床坡度较为平缓，侧蚀作用占主导地位。河水在运动过程中横向环流的作用，是促使河流产生侧蚀的经常性因素。此外，如河水受支流或支沟排泄的洪积物以及其他重力堆积物的障碍顶托，致使主流流向发生改变，引起对河岸产生局部冲刷，这也是一种在特殊条件下产生的河流侧蚀现象。在天然河道上能形成横向环流的地方很多，但在河湾部分最为显著。当运动的河水进入河湾后，由于受离心力的作用，表层流束以很大的流速冲向凹岸，产生强烈冲刷，使凹岸岸壁不断坍塌后退，并将冲刷下来的碎屑物质由底层流束带向凸岸堆积下来，结果使河岸的曲率增大，并受纵向流的影响，使河湾逐渐向下游移动，导致河床发生平面摆动。这样天长日久，整个河床就被河水的侧蚀作用逐渐拓宽。

沿河布设的公路，往往由于河流的水位变化及侧蚀，常使路基发生水毁现象，特别是河湾凹岸地段，最为显著。因此，在确定路线具体位置时，必须加以注意。由于在河湾部分横向环流作用明显加强，容易发生坍岸，并产生局部剧烈冲刷和堆积作用，河床容易发生平面摆动，因此对桥梁建筑的建设很不利。

由于河流侧蚀的不断发展，致使河流一个河湾接着一个河湾，并使河湾的曲率越来越大，河流的长度越来越长，结果使河床的坡降逐渐减小，流速不断降低，侵蚀能量逐渐削弱，直至常水位时已无能量继续发生侧蚀为止。这时河流所形成的平面形态，称为蛇曲（见图 3-1-14 和图 3-1-15）。有些处于蛇曲形态的河湾，彼此之间十分靠近，一旦流量增大，会截弯取直，流入新开拓的局部河道，而残留的原河湾的两端因逐渐淤塞而与原河道隔离，形成牛轭湖。最后，由于主要承受淤积，致使牛轭湖逐渐成为沼泽，以至消失。

图 3-1-14　黄河老牛湾蛇曲

图 3-1-15　新疆巴音布鲁克湿地的孔雀河蛇曲

在一些河流众多的平原地区，人们时常能看见一种形态独特的湖泊。它们呈弯曲的条带状，类似“人”字形的牛轭，所以被形象地称为牛轭湖，也称河迹湖。

在平原地带，河流因为地转偏向力、地质结构、土壤岩石质地差异等因素的影响，通常难以保持一条直线流动，会产生弯曲。在河道弯曲的地区，河岸向河流凸出的一侧叫凸岸，相对的另一侧叫凹岸，如图 3-1-16a 所示。由于惯性，河流在弯曲处会不断冲刷凹岸一侧的河岸，使得凹岸越来越向陆地一侧后退，而凸岸一侧的水流速度相对较慢，泥沙易堆积，使得凸岸不断向河流一侧突出。这种规律被人们称作“凹岸侵蚀，凸岸堆积”，因此河流的弯曲度就会越来越大，如图 3-1-16b 所示。当河流弯曲度特别大时，拐弯处水流不畅，流速减慢，泥沙易淤塞河道，如果水量较大，河流很可能会将弯曲处狭窄的地峡冲开，与对面的河道相连，河流按直线路线流动，这种现象被称为河流的“截弯取直”，如图 3-1-16c 所示。

河流截弯取直后，原本弯曲的河道因为泥沙淤塞、水位下降，逐渐与主河道分离，渐渐被废弃，成为遗留在原河流凹岸边一段弯曲积水的湖泊，形状如牛轭，从而形成了牛轭湖，如图 3-1-16d 所示。

牛轭湖的形成反映了河流发育的一种发展状态，在自然界中比较常见，而且在气候湿润、水循环旺盛的地区，这种发展更为迅速。

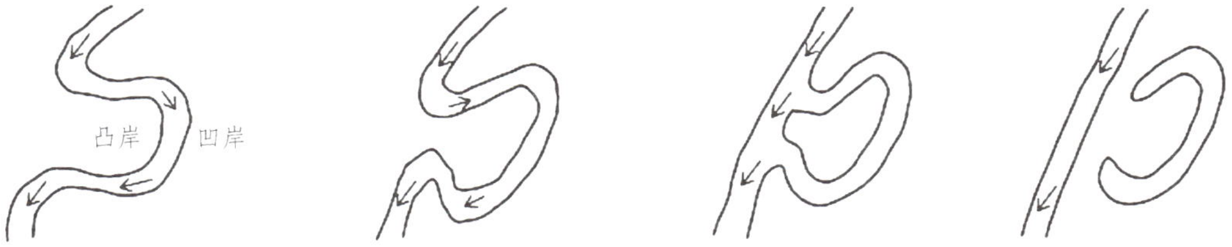

（a）河流出现弯曲　（b）凹岸侵蚀，凸岸堆积　（c）凸岸的河曲联通　（d）牛轭湖形成

图 3-1-16　牛轭湖的形成

③ 下蚀和侧蚀的关系。

下蚀和侧蚀是河流侵蚀作用的两个密切联系的方面，在河流下蚀与侧蚀的共同作用下，使河床不断地加深和拓宽。由于各地河床的纵坡、岩性、构造等不同，两种作

用的强度也就不同，或以下蚀为主，或以侧蚀为主。如果河流以下蚀作用为主，河谷横断面呈“V”字形；如果河流以侧蚀作用为主，河谷横断面呈“U”字形，谷底宽平；如果下蚀作用与侧蚀作用等量进行，河谷横断面多不对称。由于河水流动具有紊流的性质，是由纵流与横向环流组合而成螺旋状流束流动的，流速大时，纵流占优势；流速小时，横向环流占优势。一般在河流的中下游、平原区河流或处于老年期的河流，由于河湾增多、纵坡变小、流速降低、横向环流的作用相对增强，从这个意义上来说，以侧蚀作用为主；在河流的上游，由于河床纵坡大、流速大、纵流占主导地位，从总体上来说，以下蚀作用为主。

2. 河流的搬运作用

河流在流动过程中夹带沿途冲刷侵蚀下来的物质（泥沙、石块）离开原地的移动作用，称为搬运作用，如图 3-1-17 所示。河流的侵蚀和堆积作用，在一定意义上都是通过搬运过程来进行的。河水搬运能量的大小，取决于河水的流量和流速，在一定的流量条件下，流速是影响搬运能量的主要因素。

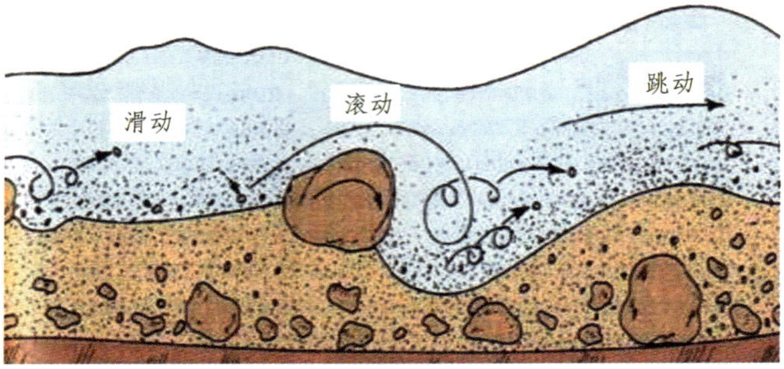

图 3-1-17　河流的搬运作用

河流搬运的物质，主要来自谷坡冲刷、崩落、滑塌下来的产物和冲沟内洪流冲刷出来的产物，其次是河流侵蚀河床的产物。

流水搬运的方式可分为物理搬运和化学搬运两大类。物理搬运的物质主要是泥沙石块，化学搬运的物质则是可溶解的盐类和胶体物质。根据流速、流量和泥沙石块的大小不同，物理搬运又可分为悬浮式、跳跃式和滚动式 3 种搬运方式。悬浮式搬运的物质主要是颗粒细小的砂和黏性土，悬浮于水中或水面，顺流而下，如黄河中大量的黄土颗粒主要是悬浮式搬运。悬浮式搬运是河流搬运的重要方式之一，它搬运的物质数量最大，如黄河每年的悬浮搬运量可达 7.72 亿吨，长江每年达 2.58 亿吨。跳跃式搬运的物质一般为石块、卵石和粗砂，它们有时被急流、漩涡卷入水中向前搬运，有时则被缓流推着沿河底滚动。滚动式搬运的物质主要是巨大的石块、砾石，它们只能在水流的强烈冲击下，沿河底缓慢向下游滚动。

化学搬运的距离最远，水中各种离子和胶体颗粒多被搬运到湖、海盆地中，当条件合适时，在湖、海盆地中产生沉积。

河流在搬运过程中，随着流速逐渐减小，被携带物质按其大小和重量陆续沉积在河床中，上游河床中沉积物较粗大，越向下游沉积物颗粒越细小。从河床断面上看，流速逐渐减小时，粗大颗粒先沉积下来，细小颗粒后沉积、覆盖在粗大颗粒之上，从而在垂直方向上显示出层理。在河流平面上和断面，沉积物颗粒大小的这种有规律的变化，称为河流的分选作用。另外，在搬运过程中，被搬运物质与河床之间、被搬运物质互相之间，都在不断发生摩擦、碰撞，从而使原来有棱角的岩屑、碎石逐渐磨去棱角而成浑圆状，成为在河床中常常见到的砾石、卵石和砂，它们都具有一定的磨圆度，这种作用称为河流的磨蚀作用。良好的分选性和磨圆度是河流沉积物区别于其他成因沉积物的重要特征。

3. 河流的沉积作用与冲积层

河流在运动过程中，能量不断受到损失，当河水夹带的泥沙、砾石等搬运物质超过了河水的搬运能力时，被搬运的物质便在重力作用下逐渐沉积下来，称为沉积作用，河流的沉积物称为冲积层（见图 3-1-18）。河流沉积物几乎全部是泥沙、砾石等机械碎屑物（见图 3-1-19），而化学溶液的物质多在进入湖盆或海洋等特定的环境后才开始发生沉积。

图 3-1-18 河流的沉积物

图 3-1-19 河流沉积形成的碎屑物

冲积层的特点从河谷单元来看，可以分为河床相与河漫滩相两大类。河床相沉积物颗粒较粗。河漫滩相下部为河床沉积物，颗粒粗；表层为洪水期沉积物，颗粒细，以黏土、粉土为主。这两种不同特点的沉积层称“二元结构”。

从河流纵向延伸来看，由于不同地段流速降低的情况不同，形成的沉积层就具有不同特点，基本可分为如下 4 大类型段：

（1）在山区，河床纵坡、流速大，侵蚀能力较强，沉积作用较弱。河床冲积层多为蚀余相，松散堆积物较薄，且以巨砾、卵石和粗砂为主。

（2）当河流由山区进入平原时，流速骤然降低，大量物质沉积下来，形成冲积扇。冲积扇的形状和特征与前述洪积扇相似，但冲积扇规模较大，冲积层的分选性及磨圆度更高，例如北京及其附近广大地区就位于永定河冲积扇上。冲积扇还常分布在大山的山麓地带，例如祁连山北麓、天山北麓和燕山南麓存在的大量冲积扇。如果山麓地带几个大冲积扇相互连接起来，则形成山前倾斜平原。在山前，河流沉积常与山洪急流沉积共同进行，因此山前倾斜平原也常称为冲洪积平原。

（3）在河流中下游，则由细小颗粒的沉积物组成广大的冲积平原，如由黄河下游、海河及淮河的冲积层构成的华北大平原。冲积平原也常分布有牛轭湖相沉积，如长江的江汉平原。

（4）在河流的入海口的河口处，流速几乎降到零，河流携带的泥沙绝大部分都要沉积下来。沉积物在水面以下呈扇形分布，扇顶位于河口，扇缘则伸入海中，露出水面的部分形如一个顶角指向河口的倒三角形，因此称河口冲积层为三角洲。三角洲的内部构造与洪积扇、冲积扇相似，通常下粗上细，即近河口处较粗，距河口越远越细。随着河流不断带来沉积物，三角洲的范围也不断向海洋扩展，如天津市在汉代时是海河河口，元代时附近为一片湿地，现在则已成为距海岸约 90 km 的城市。长江下游自江阴以东地区，就是由大三角洲逐渐发展而成。我国河流中携带泥沙量最多的黄河，其三角洲已向黄海伸进约 480 km。

冲积层具有如下特征：

（1）冲积层分布在河床、冲积扇、冲积平原或三角洲中，其成分非常复杂，河流汇水面积内的所有岩石和土都能成为该河流冲积层的物质来源。与第四纪沉积层相比，冲积层分选性好，层理明显，磨圆度高。

（2）山区河流沉积物较薄，颗粒较粗，承载力较高且易清除，地基条件较好。

（3）由于冲积平原分布广，表面坡度比较平缓，多数大中城市都坐落在冲积层上，道路也多选择在冲积层上通过。作为工程建筑物的地基，砂、卵石的承载力较高，而黏性土较低。在冲积平原应注意冲积层中的两种不良沉积物，一种是软弱土层，例如牛轭湖、沼泽地中的淤泥、泥炭等；另一种是容易发生流砂现象的细、粉砂层。遇此情况应采取专门的设计和施工措施。

（4）三角洲沉积物含水量最高，常呈饱和状态，承载力较低。但其最上层，因长期干燥比较硬实，承载力较下面高，俗称硬壳层，可用作低层建筑物的天然地基。

（5）冲积层中的砂石、卵石、砾石常被选用为建筑材料。厚度稳定、延续性好的砂、卵石层是丰富的含水层，可以作为良好的供水水源。

4. 河流阶地

河谷内河流侵蚀或沉积作用形成的阶梯状地形称阶地或台地。若延伸方向与河流方向垂直称横向阶地；若阶地延伸方向与河流方向平行称纵向阶地。通常所讲的阶地，多指纵向阶地。

横向阶地是由于河流经过各种悬崖、陡坎，或经过各种软硬不同的岩石，其下切程度不同而造成的。河流在经过横向阶地时常呈现为跌水或瀑布，因此横向阶地上较难保存冲积物，并且随着强烈下蚀作用的继续进行，这些横向阶地将向河源方向不断后退。

河流阶地是地壳上升运动与河流地质作用的结果。地壳每一次剧烈上升，使河流侵蚀基准面相对下降，大大加速了下蚀的强度，使河床被迅速向下切割，河水面随之下降，以致再到洪水期时也淹没不到原来的河漫滩了。这样，原来的老河漫滩就变成的新的Ⅰ级阶地，原来的Ⅰ级阶地变为Ⅱ级阶地……以此类推，在最下面则形成新的河漫滩。道路沿河流行进，通常都选择在纵向阶地上，所以一般不加以说明时，阶地即指纵向阶地，如图 3-1-20a 所示。

一条河流有多少级阶地是由该地区地壳上升次数决定的，每剧烈上升一次就应当有相应的一级阶地，例如兰州地区的黄河就有六级阶地。但是，由于河流作用的复杂性，使河流两岸生成的阶地级数及同级阶地的大小范围并不完全对称相同。例如，左岸有Ⅰ、Ⅱ、Ⅲ共三级阶地，右岸可能只有Ⅱ、Ⅲ两级阶地；左岸的Ⅲ级阶地可能比较宽广、完整，右岸的Ⅲ级阶地则可能支离破碎、残余面积不大。阶地编号越大，生成年代越老，则可能被侵蚀破坏得越严重，越不易完整保存下来。公路布线一般应选在阶地比较宽广、完整的地段通过，如图 3-1-20b 中河谷右侧。

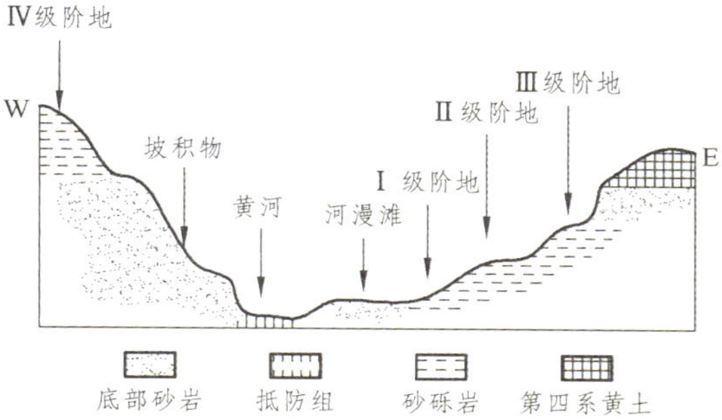

（a）

（b）

图 3-1-20　河流阶地

根据河流阶地组成物质不同，可以把阶地分为如下 3 种基本类型：

（1）侵蚀阶地：又称基岩阶地，阶地表面由河流侵蚀而成，表面只有很少的冲击物，主要由被侵蚀的岩石构成。侵蚀阶地多位于山区，是由于地壳上升很快、河流下切极强造成的。

（2）基座阶地：指阶地表面有较厚的冲积层，但地壳上升、河流下切较深，以致切透了冲积层，切入了下部基岩以内一定深度，从阶地斜坡上可以明显地看出，阶地由上部冲积层和下部基岩两部分构成。

（3）冲积阶地：又称堆积阶地或沉积阶地，指整个阶地在阶地斜坡上露出的部分均由冲积层构成，表明该地区冲积层很厚，地壳上升引起的河流下切未能把冲积层切透。

根据阶地的形成过程，在野外辨认河流阶地时应注意形态特征和物质组成特征两方面。从形态上看，阶地表面一般较平缓，纵向微向下游倾斜，倾斜度与本段河床底坡接近，横向微向河中心倾斜。河床两侧同一级阶地，其阶地表面距河水面高差应当相近。某些较老的阶地，由于长时间受到地表水的侵蚀作用，平整的阶地表面被破坏，形成高度大致相等的小山包。应当指出，不能只从形态上辨认阶地，以免与人工梯田、台坎混淆，还必须从物质组成上研究。由于阶地是由老的河漫滩形成，它应由黏性土、砂石、卵石等冲积层组成。就侵蚀阶地而言，在基岩表面上也应或多或少的保留冲积物。因此，冲积物是阶地物质组成中最重要的物质特征。

由于河流的长期侵蚀堆积，成形的河谷一般都有不同规模的阶地存在，它一方面缓和了山谷坡脚地形的平面曲折和纵向起伏，有利于路线平纵面设计和减少工程量，另一方面又不易遭受山坡变形和洪水淹没的威胁，容易保证路基稳定。因此在通常情况下，阶地是河谷地貌中敷设路线的理想部位。当有几级阶地时，除考虑过岭标高外，一般以利用Ⅰ、Ⅱ级阶地敷设路线为好。

三、地表水对土木工程的影响

地表水分为暂时流水和长期流水。暂时流水在山区通过坡面细流和坡面洪流的形式对坡面岩土产生侵蚀，造成水土流失，在一定条件下，可引发滑坡和泥石流等地质灾害。长期流水则主要通过河水的侵蚀作用与堆积作用对河岸工程造成影响。因此，本节主要讨论河流地质作用对土木工程的影响。

1. 对交通线路工程的影响

交通线路工程和河流的关系非常密切。线路跨越河流时须架桥，桥梁墩台基础、桥梁位置的选择都应充分考虑河流的地质作用。公路、铁路沿河前进，线路在河谷横断面上所处位置的选择，河谷斜坡和河流阶地上路基的稳定，也都与河流的地质作用密切相关。

对于桥梁，首先，应选择在河流顺直地段过河，以避免在河曲处过河遭受侧蚀而危及一侧桥台的安全，应尽量使桥梁中线与河流垂直，减小桥梁长度。其次，墩台基础位置应当选择在强度足够安全稳定的岩层上，对于性质软弱的土层，地质构造不良地带不宜设置墩台，因为墩台埋置过浅使基础暴露甚至破坏，或墩台埋置过深都将大大增加工程费用和工期。

对于沿河线路来说，线路位置和路基位置的选择，主要包括边坡和基底稳定两个方面。线路沿着峡谷行进，路基多置于高陡的河谷斜坡上，经常遇到崩塌、滑坡等边坡不良地质现象，是山区交通线路的主要病害。线路沿宽谷或山间盆地行进，路基多置于河流阶地或较缓的河谷斜坡上，经常遇到各种第四纪沉积层。线路在平原上行进，常把路基置于冲积层上，常见的病害是路基所受到河流冲刷而产生的破坏或因冲积层中含有软弱土层而产生的变形开裂等。

综上所述，沿河公路、铁路在选线设计及施工过程中，首先，必须经过认真细致的调查、勘查工作，查清河流地质作用的历史、现状及发展趋势；其次，根据工作的需求对线路和沿路各建筑的位置、结构构造及施工方法做出正确的决定，应力求避免天然的或由于修筑交通线路而引起的各种崩塌、滑坡、泥石流等不良地质问题；最后，当由于各种原因，局部线路不得不通过某些不良地质地区时，应当在详细调查研究的基础上提出切实可行的预防和整治措施。

2. 河流侵蚀、淤积的防治

（1）不同类型河床主流线与崩岸位置。

河流的主流线靠近河岸时，河岸土层会发生崩塌。由于河床类型不同，主流线靠岸的位置不相同，崩岸的位置也不相同。在弯曲河床的上半段，主流线靠近凹岸，所以在弯曲河床的凸岸边滩的上方、凹岸顶点的下方，常常都是崩岸部位。在顺直河床上，深槽与边滩往往成犬牙交错分布。在深槽处，主流线常常是靠近河岸的，称为顺直河床的崩岸部位，随着深槽下移，崩岸的部位一般不固定。游荡型河床，主流线也随着江心洲洲头处在主流顶冲的部位，常常是护岸工程重点保护的地段。

（2）防护措施。

当前，全球悬河化问题突出，因而河流的治理研究具有重要意义。对于河流侧向侵蚀及因河道局部冲刷而造成的坍岸等灾害，一般采用护岸工程或使主流线偏离被冲刷地段等防治措施。

① 护岸工程。

a. 加固岸坡：通常在岸坡或浅滩地段植树、种草。

b. 砌筑护岸：有抛石护岸和砌石护岸两种。通过在岸坡砌筑石块（或抛石），以消减水流能量，保护岸坡不受水流直接冲刷。石块的大小，应以不致被河水冲走为原则，可按式（3-1-1）确定。

$$d = \frac{v^3}{25} \tag{3-1-1}$$

式中　d——石块的平均直径（cm）；

v——抛石体附近平均流速（m/s）。

抛石体的水下边坡坡度一般不宜超过 1∶1，当流速较大时，可放缓至 1∶3。石块应选择未风化、耐磨、雨水不崩解的岩石。

② 约束水流。

a. 构筑顺坝和丁坝。顺坝又称导流坝，丁坝又称半堤横坝。常将丁坝和顺坝布置在凹岸以约束水流，使主线流偏离受冲刷的凹岸。丁坝常斜向下游，夹角为 60°～70°，它可使水流冲刷强度降低 10%～15%。

b. 约束水流，防止淤积。束窄河道、封闭支流、截直河道、减少河流的输沙率等均可起到防止淤积的作用。此外，常采用顺坝、丁坝或两者组合使河道增加比降和冲刷力，达到防治淤积的目的。

习 题

（1）暴雨时，短暂时间内在地表沟谷中汇聚的暂时性水流将沟谷中物质侵蚀搬运，并沉积在沟谷口的过程叫作（　　）。

A. 洗刷作用　　B. 冲刷作用　　C. 淋滤作用　　D. 河流地质作用

（2）大气降雨沿坡面漫流将坡面风化物质搬运到坡脚平缓处堆积，形成（　　）。

A. 洪积层　　B. 冲积层　　C. 残积层　　D. 坡积层

（3）残积层是（　　）。

A. 淋滤作用的产物　　B. 洗刷作用的产物

C. 冲刷作用的产物　　D. 河流地质作用的产物

（4）河流的侵蚀搬运沉积作用被称为（　　）。

A. 第四纪地质作用　　B. 冲刷作用

C. 成岩作用　　D. 河流地质作用

（5）河流地质作用产生的沉积物叫作（　　）。

A. 洪积层　　B. 残积层　　C. 坡积层　　D. 冲积层

任务二　地下水

【任务目标】

（1）掌握地下水的类型。

（2）掌握上层滞水、潜水、承压水的形成及主要特征。

（3）掌握地下水对土木工程的影响。

【任务学习引领】

（1）地下水的定义是什么？

（2）地下水的类型有哪些？

【学生活动】

（1）仔细阅读任务知识点，对重要知识点（地下水对土木工程的影响）做好标记。

（2）网上搜集地下水地质作用产生的工程地质问题案例，并进行分析。

【任务知识点】

地下水是构成水圈的重要水体之一，其水量仅次于海洋，约为地球上各种水体总量的 4.1%，地下水是水资源的重要组成部分，对社会经济发展具有重要意义。地下水分布很广，与人们的生产、生活和工程活动的关系也很密切。由于地下水水质好、分布广、供水延续时间长，所以是可贵的供水水源。

地下水的活动不仅对岩石和土产生机械破坏，而且作为一种溶剂还会使岩石产生化学侵蚀，尤其是对可溶性岩石的溶蚀作用更强烈。由于地下水的活动，能使土和岩石的强度和稳定性削弱，以致产生滑坡、地基沉陷、道路冻胀和翻浆等不良现象，给公路工程和建筑的正常使用造成危害。同时，地下水含有不少侵蚀性物质，它们所含有的 CO_3^{2-}、Cl^-、SO_4^{2-}对混凝土产生化学侵蚀作用，使其结构破坏。在公路工程的设计和施工中，当考虑路基和隧道围岩的强度与稳定性、桥梁基础的砌置深度、基坑开挖深度，以及隧道的涌水等问题时，都必须研究有关地下水的问题，如地下水的埋藏条件、地下水的类型、地下水的理化性质、地下水的活动规律等，以保证建筑物的稳定和正常使用。工程上把与地下水有关的问题称为水文地质问题，把与地下水有关的地质条件称为水文地质条件。

一、地下水的基本类型

（一）地下水按埋藏条件分类

地下水按埋藏条件可划分为上层滞水、潜水和承压水 3 类，如图 3-2-1、图 3-2-2 所示。

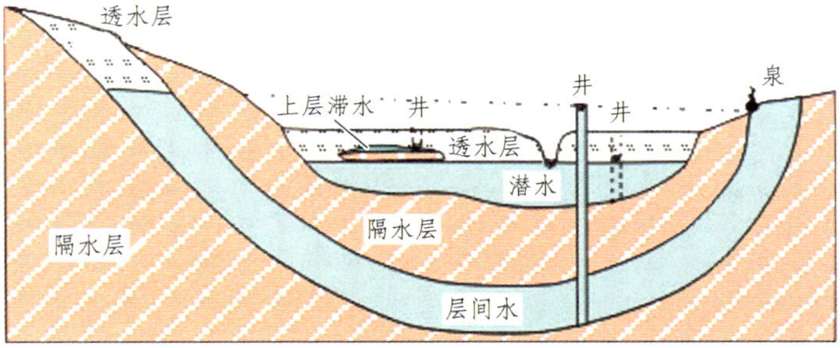

图 3-2-1 地下水埋藏条件示意图

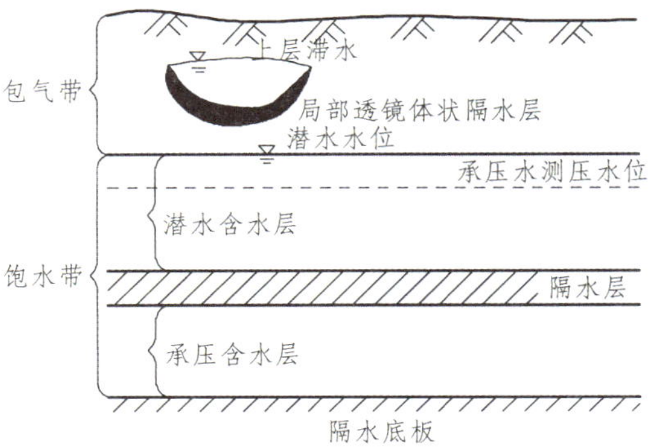

图 3-2-2 包气带水、潜水和承压水

1. 上层滞水

当包气带中有局部隔水层（常呈透镜状存在，所以也称为隔水透镜体）存在时，大气降水沿岩石裂隙、孔隙的下渗可在局部隔水透镜体上形成储量和规模均较小的重力水，这种重力水称为上层滞水，是一种包气带水。上层滞水一般接近地面，分布范围小、厚度小、水量少，靠大气降水和凝结水补给，以蒸发形式或沿隔水透镜体边缘向外排泄。上层滞水水量常表现为季节性，雨季获得补给水量就多，旱季水量减少甚至消失。

2. 潜　水

具有自由水面的重力水称为潜水，位于地表以下第一个稳定的隔水层之上。潜水常埋置于土的孔隙中和出露地表的岩石裂隙中，靠大气降水、凝结水或地表水补给，主要以大气降水补给。潜水有隔水的底板，但没有隔水的顶板，能在水平方向流动，多数情况下，潜水的补给区和分布区一致。以大气降水为补给源的潜水受气候条件的影响很大，水位不稳定，而以河流等地表水为补给源的潜水则表现出较好的水位稳定性。由于潜水没有隔水的顶板，所以同上层滞水一样，也易受到污染。

潜水的排泄方式有泉（见图 3-2-3）、蒸发、泄流地表和人工抽取地下水等。

潜水在自然界中分布极广，主要存在于具有隔水层的第四纪沉积物或基岩风化带中。潜水面的形状常和地形相适应，但较地形起伏小。

3. 承压水

存在于地表以下，充满两个稳定隔水层之间的含水层中的重力水称为层间水。若层间水完全充满于含水层且受到超静水压力作用时，则称其为承压水，俗称自流水。层间水多为承压水。层间水的补给区和分布区不一致，由于其顶部有隔水顶板存在，所以受大气降水的影响较小，不易受污染，通常水质良好。承压水水位变化较缓慢且幅度小，随气候的变化不如潜水敏感，蒸发量小甚至不蒸发。如果层间水为承压水时，隔水顶板一旦被穿透，地下水位会明显上升甚至喷出地面形成自流井，如图 3-2-4 所示。

图 3-2-3　泉水

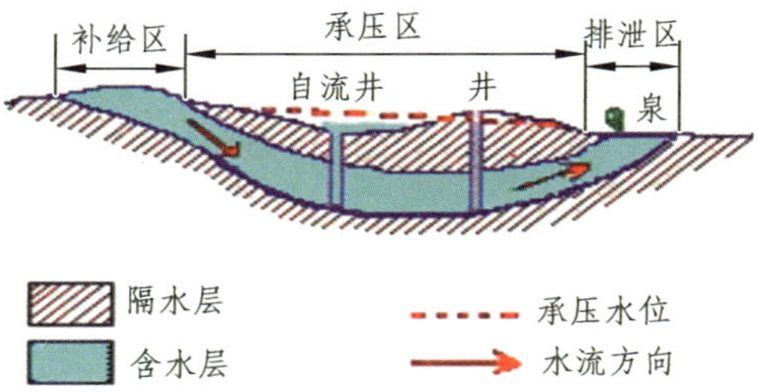

图 3-2-4　自流井示意图

承压水的形成与一个地区的地质构造密切相关。最适宜于形成承压水的地质构造有向斜构造和单斜构造两种。承压水的排泄方式有泉和人工抽取地下水等。在我国一些人口密集的大型城市中，人工大量抽取地下水不仅使地下水资源已近枯竭，还造成了城区地面的大面积下沉。

（二）地下水按含水层性质分类

含水层按其空隙性质的不同可分为孔隙含水层、裂隙含水层和岩溶含水层，储存在这些含水层中的地下水分别称为孔隙水、裂隙水和岩溶水。

1. 孔隙水

孔隙水广泛分布于第四纪松散的沉积物中，在较老的岩石中也有较少分布，例如在砂岩中就有少量的孔隙水存在。孔隙水的存在条件和特征取决于岩土的孔隙状况，这是因为岩土孔隙的大小和多少不仅关系到岩土透水性的好坏，也直接影响着其中地下水的含量多少、运动条件和水质好坏。如果岩土颗粒粗大而均匀，则孔隙含水层的透水性好，地下水储量大、流速快、水质好；反之则透水性差、地下水储量小、流速慢、水质差。由于埋藏条件的不同，孔隙水可形成上层滞水、潜水和层间水。

2. 裂隙水

存在于基岩裂隙之中并沿着基岩裂隙渗流的地下水称为裂隙水。岩石中的裂隙可分为风化裂隙、成岩裂隙和构造裂隙三种，裂隙类型不同，其分布规律、发育程度也不相同，并使包含于其中的裂隙水的分布和埋藏特征呈现出差异性。据此，可将裂隙水划分为风化裂隙水、成岩裂隙水和构造裂隙水。

风化裂隙水常埋藏于地表浅处，含水层厚度小、储量有限，其渗透性随深度增加而减弱，常以潜水甚至上层滞水形式存在，季节性变化明显。成岩裂隙水主要分布在成岩裂隙发育的喷出岩浆岩中，例如我国西南地区二叠系峨眉山玄武岩中就分布有大面积的成岩裂隙水。成岩裂隙水的水质、分布特点、储量大小等主要取决于岩石裂隙的产状和发育程度、岩石的性质以及补给条件。成岩裂隙水既可以以潜水形式存在，也可以以层间水形式存在。构造裂隙水按裂隙产状可分为层状构造裂隙水和脉状（带状）构造裂隙水，其中脉状裂隙水主要分布在断层带中，正断层和平推断层性质为张性，有利于地下水的存储。

3. 岩溶水

由于水对岩石有溶解溶蚀和再结晶作用，地下水在可溶性碳酸岩类的岩石中渗流的结果使岩石中一部分物质成分溶于水中，并和水流一起流走，在岩石中形成各种形状复杂的水溶性裂缝、沟渠和洞穴等岩溶裂隙或溶洞（即喀斯特溶洞），储存并运移于这些岩溶裂隙或岩溶溶洞中的地下水就称为岩溶水。

二、地下水的物理性质和化学性质

（一）地下水的物理性质

地下水的物理性质主要包含地下水的密度、温度、颜色、透明度、放射性、气味和口味等。

1. 密　度

地下水的密度取决于地下水中的其他物质成分含量，当地下水比较纯净时，其密度接近 1 g/cm^3，而当地下水溶有较多的其他化学物质时，其密度则可达 1.2 ~ 1.3 g/cm^3。

2. 温　度

在同一地区，地下水的温度与其埋深有关。地下水的温度随深度增加而逐渐升高，其温度变化规律取决于地温梯度（温度每增加 1 ℃所需的深度）。

在不同地区，距地表较浅的地下水的温度差异巨大，例如在高寒地区，地表附近的地下水常年温度都在 0 ℃以下。此外，受构造影响时，地下水的温度变化会发生异常，例如在西藏的羊八井地区，地下 48 m 深处水温高达 150 ℃左右。

3. 颜　色

地下水的颜色主要取决于地下水中的化学成分。多数情况下，地下水是无色的，但当其中含有某些化学物质时，就会显现一定的颜色。例如，含有 H_2S 的地下水呈翠绿色，含 Fe_2O_3 的地下水呈褐红色。受污染的地下水因污染物质的不同而颜色各异。

4. 透明度

常见的地下水是无色透明的，当含有一定量的固体物质或悬浮杂质时，透明度变差。其透明度（或称浑浊度）取决于悬浮颗粒和杂质的种类与含量。按透明度可将地下水划分为透明的、微浊的、浑浊的和极浊的地下水。

5. 气味和口味

地下水的气味取决于地下水中所含的挥发性物质（气体）与有机质，口味取决于水中所含的化学物质。例如，当地下水中含有 H_2S 时具有臭鸡蛋味，含有有机质时有霉味，含有 NaCl 时有咸味等。

6. 放射性

因为岩土中含有一定量的放射性物质，所以在岩土中渗流的地下水也具有或大或小的放射性。当然，一般情况下地下水的放射性极其微弱，不足以对人体构成危害。但个别区域的地下水会因放射性元素含量高、放射性强而对人体健康构成危害。

（二）地下水的常见化学成分

地下水中常见的气体有 O_2、N_2、H_2S 和 CO_2 等。一般情况下，虽然地下水中气体含量不高，但是气体分子能够很好地反映地球化学环境。地下水中分布最广、含量较多的离子共 7 种，即 Cl^-、SO_4^{2-}、HCO_3^-、Na^+、K^+、Ca^{2+}、Mg^{2+}。地下水中的化合物有 Fe_2O_3、Al_2O_3、H_2SiO_3 等。

三、地下水对土木工程的影响

地下水是地质环境的重要组成部分，且最为活跃。在许多情况下，地质环境的变化常常是由地下水的变化引起的。引起地下水变化的因素是各种各样的，往往带有偶然性，局部发生，难以预测，对工程危害很大。尤其是地下水位的变化、水的侵蚀性和流沙、潜蚀等不良地质作用都将对建筑工程的稳定性、施工及正常使用带来很大的影响。

（一）地下水位上升的影响

地下水位上升，可引起浅基础地基承载力降低，在有地震砂土液化的地区会引起液化的加剧，同时易引起建筑物震陷加剧，岩土产生变形、滑移、崩塌失稳等不良地质作用。另外，在寒冷地区会有地下水的冻胀影响。就建筑物本身而言，若地下水位在基础底面以下压缩层内发生上升变化，水浸湿和软化岩土，从而使地基土的强度降低，压缩性增强，建筑物会产生过大沉降，导致严重变形。尤其是对结构不稳定的土（如湿陷性黄土、膨胀土等）这种现象更为严重，对设有地下室的建筑的防潮和防湿也不利。

（二）地下水位的侵蚀性的影响

地下水的侵蚀性的影响主要体现为水对混凝土、可溶性石材、管道以及金属材料的侵蚀危害。由于地下水是一种含有多种化学元素的水溶液，土木工程的建构筑物基础、桥梁基础、隧道衬砌和挡土构筑物等混凝土结构物又不可避免地要长期与地下水接触，它们之间的某些物质成分必然会发生化学反应。地下水对混凝土的侵蚀是指地下水中的一些化学成分与混凝土结构物中的某些化学物质发生化学反应，在混凝土内形成新的化合物，使混凝土体积膨胀、开裂破坏，或者溶解混凝土中的某些物质，使其结构破坏、强度降低的现象。常见的地下水侵蚀作用有以下几种：

1. 氧化、水化侵蚀

混凝土结构物中多含有钢筋等铁金属材料，当地下水中含有较多氧气时，就会对结构物中的钢筋一类铁金属材料构成腐蚀，其化学反应过程为

$$4Fe+3O_2 = 2Fe_2O_3 \qquad Fe_2O_3+3H_2O = 2Fe(OH)_3 \text{（胶体状态）}$$

2. 酸性侵蚀

当地下水呈酸性时，氢离子会对混凝土表面的碳酸钙硬层产生溶蚀，其化学反应过程为

$$CaCO_3+H^+ = Ca^{2+}+HCO^-{}_3$$

3. 碳酸类侵蚀

当水中富含 CO_2 时，会对混凝土中的氢氧化钙产生溶蚀，其化学反应过程为

$$Ca(OH)_2+CO_2 = CaCO_3\downarrow-H_2O \qquad CaCO_3+H_2O+CO_2 = Ca^{2+}+2HCO_3^-$$

4. 硫酸类侵蚀

当地下水中含有较多的硫酸根离子时，会与混凝土中的氢氧化钙反应生成石膏，进一步生成石膏和水的结晶体，使混凝土的体积明显增大，其结果不仅降低了混凝土的强度，严重时还会造成混凝土的开裂破坏。

5. 镁盐侵蚀

富含 $MgCl_2$ 的地下水与混凝土接触时会和混凝土中的 $Ca(OH)_2$ 反应，生成 $Mg(OH)_2$ 和溶于水的 $CaCl_2$，使混凝土中的钙质流失，结构破坏，强度降低。

应当指出，上述几种地下水的侵蚀类型只是其中最基本的情况，实际的侵蚀过程要复杂得多，常常是几种侵蚀作用同时存在，并最终极大地削弱了混凝土的强度和完好性。工程施工中应根据地下水的化学分析结果，采用适当的防治地下水侵蚀的措施。

（三）基坑涌水

基坑涌水发生在建筑物基坑下有承压水时，开挖基坑会减小基坑底下承压水上部的隔水层厚度，减小过多会使承压水的水头压力冲破基坑底板形成涌水现象。涌水会冲毁基坑，破坏地基，给工程带来损失。

（四）地基沉降

在松散沉积层中进行深基础施工时，往往需要人工降低水位。若降水不当，会使周围地基土层产生固结沉降，轻者造成邻近建筑物或地下管线的不均匀沉降；重者使建筑物基础下的土颗粒流失，甚至掏空，导致建筑物开裂和危及安全。附近抽水井滤网和砂滤层的设计不合理或施工质量差，则抽水时会将软土层中的黏粒、粉粒甚至细砂等细小颗粒随同地下水一起带出地面，使周围地面土层很快不均匀沉降，造成地面建筑物和地下管线不同程度的损坏。另一方面，井管开始抽水时，井内水位下降，井外含水层中的地下水不断流向滤管，经过一段时间后，在井周围形成漏斗状的弯曲水面——降水漏斗。在这一降水漏斗范围内的软土层会发生渗透固结而造成地基土沉降。而且，由于土层的不均匀性和边界条件的复杂性，降水漏斗往往是不对称的，因而使周围建筑物或地下管线产生不均匀沉降，甚至开裂。

（五）流砂的影响

流砂是地下水自下而上渗流时土产生流动的现象，它与地下水的动水压力有密切的关系。当地下水的动水压力大于土粒的浮容重或地下水的水力坡度大于临界水力坡度时，就会产生流砂。这种情况的发生常是由于在地下水位以下开挖基坑、埋设地下水管、打井等工程活动而引起的，所以流砂是一种工程地质现象，易产生在细砂、粉砂、粉质黏土等土中。流砂在工程施工中能造成大量的土流动，致使地表塌陷或建筑物的地基破坏，能给施工带来很大困难，或直接影响建筑工程及附近建筑物的稳定，因此必须进行防治。

在可能产生流砂的地区，若其上面有一定厚度的土层，应尽量利用上面的土层做天然地基，也可用桩基穿过流砂，总之尽可能地避免开挖。如果必须开挖，可用以下方法处理流砂。

（1）人工降低水位：使地下水位降至可能产生流砂的地层以下，然后开挖。

（2）打板桩：在土中打入板桩，它一方面可以加固坑壁，同时增长了地下水位的渗流路程以减小水力坡度。

（3）冻结法：用冻结的方法使地下水结冰，然后开挖。

（4）水下挖掘：在基坑（或沉井）中用机械在水下挖掘，避免因排水而造成产生流砂的水头差，为了增加砂的稳定，也可向基坑中注水并同时进行挖掘。

此外，处理流砂的方法还有化学加固法、爆炸法及加重法等。在基槽开挖的过程中，局部地段出现流砂时，立即抛入大块石头等，可以克服流砂的活动。

（六）潜蚀的影响

潜蚀作用可分为机械潜蚀和化学潜蚀两种。机械潜蚀是指土粒在地下水的动水压力作用下受到冲刷，将细粒冲走，使土的结构破坏，形成洞穴的作用。化学潜蚀是指地下水溶解土中的易溶盐分，使土粒间的结合力和土的结构破坏，土粒被水带走，形成洞穴的作用。

机械潜蚀和化学潜蚀这两种作用一般是同时进行的。当地基土层内具有地下水的潜蚀作用时，将会破坏地基土的强度，形成空洞，产生地表塌陷，影响建筑工程的稳定。在我国的黄土层及岩溶地区的土层中，常有潜蚀现象产生，修建建筑物时应予注意。

对潜蚀的处理可以采用堵截地表水流入土层、阻止地下水在土层中流动、设置反滤层、改造土的性质、减小地下水流速及水力坡度等措施。这些措施应根据当地地质条件分别或综合采用。

（七）地下水的浮托作用

当建筑物基础底面位于地下水位以下时，地下水对基础底面产生静水压力，即产生浮托力。如果基础位于粉性土、砂性土、碎石土和节理裂隙发育的岩石地基上，则按地下水位 100%计算浮托力；如果基础位于节理裂隙不发育的岩石地基上，则按地下水位 50%计算浮托力；如果基础位于黏性土地基上，其浮托力较难确定，应结合地区的实际经验考虑。地下水不仅对建筑物基础产生浮托力，同样对其水位以下的岩石和土产生浮托力。

习 题

（1）上层滞水的主要补给来源是（　　）。

A. 大气降水　B. 潜水　C. 承压水　D. 岩溶水

（2）埋藏在地面下第一个稳定隔水层上的重力水叫作（　　）。

A. 上层滞水　B. 潜水　C. 承压水　D. 裂隙水

（3）地下水的物理性质不包含（　　）。

A. 放射性　B. 颜色　C. 重度　D. 颜色

（4）地下水中含有侵蚀性 CO_2 时，对混凝土有（　　）。

A. 一般酸性侵蚀　B. 溶出性侵蚀

C. 碳酸侵蚀　D. 硫酸侵蚀

（5）孔隙水是指储存和运动在岩石孔隙中的（　　）。

A. 重力水　B. 地下水　C. 薄膜水　D. 毛细水

项目四　岩石与土的工程性质

项目概述

- 本项目包括 3 个学习任务：岩石的工程性质、土的工程性质、特殊土的工程性质。
- 要求通过学习能够掌握岩土的物理性质、水理性质、力学性质、工程分类，以及特殊土的工程防治措施。

学习目标

项目名称	任务分解	知识点
项目四 岩石与土的 工程性质	岩石的工程性质	岩石的物理性质
		岩石的水理性质
		岩石的力学性质
		岩石的工程分类
	土的工程性质	土的物理性质
		土的水理性质
		土的力学性质
		土的工程分类
	特殊土的工程性质	软土、黄土、膨胀土、冻土、盐渍土的工程特性

任务一　岩石的工程性质

【任务目标】

（1）掌握岩石的物理、水理、力学性质。

（2）掌握岩石的工程分类。

【任务学习引领】

岩石的物理、水理、力学性质分别包括什么？

【学生活动】

（1）仔细阅读任务知识点，对重要知识点（岩石的物理、水理性质）做好标记。

（2）以小组为单位制作兴趣知识卡片。

【任务知识点】

一、岩石的工程性质

岩石的工程性质包括物理性质、水理性质和力学性质。

（一）岩石的物理性质

岩石的物理性质是岩石的基本工程性质，主要是指岩石的重量性质和孔隙性。

1. 岩石的重量性质

（1）岩石的密度。

岩石的密度是指岩石单位体积的质量。在数值上，它等于岩石试件的总质量（含孔隙中水的质量）与其总体积（含孔隙体积）之比。

岩石的密度大小，取决于岩石中矿物的相对密度、岩石的孔隙性及其含水情况。岩石孔隙中完全没有水存在时的密度，称为干密度。岩石中的孔隙全部被水充满时的密度，称为岩石的饱和密度。组成岩石的矿物相对密度大，或岩石中的孔隙性小，则岩石的密度大。对于同一种岩石，密度大的结构致密，孔隙性小，强度和稳定相对较高。

（2）岩石的相对密度。

岩石的相对密度指岩石固体部分（不含孔隙）的重力（质量）与同体积水在 4 ℃时重力（质量）的比值。

$$D=\frac{m_s}{\rho_w v_s} \tag{4-1-1}$$

式中　D——岩石的相对密度，无量纲；

m_s——岩石固体颗粒的质量（g）；

ρ_w——4 ℃时水的密度（g/cm^3）；

v_s——岩石固体颗粒体积（cm^3）。

岩石相对密度的大小，取决于组成岩石的矿物相对密度及其在岩石中的相对含量。组成岩石的矿物相对密度大、含量多，则岩石的相对密度大。一般岩石的相对密度约为 2.65，相对密度大的可达 3.3。

（3）岩石的重度。

岩石的重度指岩石单位体积的重力。在数值上，它等于岩石试件的总重力（含孔隙中的重力）与其总体积（含孔隙体积）的比值。

$$\gamma=\frac{mg}{v}=\rho g \tag{4-1-2}$$

式中　γ——岩石的重度（N/cm^3）；

m——岩石的质量（g）；

g——重力加速度，$g = 9.8$ m/s^2；

v——岩石体积（cm^3）；

ρ——岩石密度（g/cm^3）。

岩石重度的大小，取决于岩石中的矿物相对密度、岩石的孔隙性及其含水情况。岩石孔隙中完全没有水存在时的重度，称为干重度。岩石中的孔隙全部被水充满时的重度，称为岩石的饱和重度。组成岩石的矿物相对密度大，或岩石中的孔隙小，则岩石的重度大。对于同一种岩石，若重度有差异，则重度大的结构致密、孔隙小，强度和稳定性相对较高。

2. 岩石的孔隙性

岩石中的空隙包括孔隙和裂隙。岩石的空隙性是岩石的孔隙性和裂隙性的总称，可用空隙率、孔隙率、裂隙率来表示其发育程度。但人们已习惯用孔隙性来代替空隙性。即用岩石的孔隙性，反映岩石中孔隙和裂隙的发育程度。

岩石的孔隙率（或称孔隙度）是指岩石中孔隙（含裂隙）的体积与岩石总体积之比值，常以百分数表示，即

$$n = \frac{V_n}{V} \times 100\% \tag{4-1-3}$$

式中　n——岩石的孔隙率（%）；

V_n——岩石中孔隙（含裂隙）的体积（cm^3）；

V——岩石的总体积（cm^3）。

岩石孔隙率的大小，主要取决于岩石的结构构造，同时也受风化作用、岩浆作用、构造运动及变质作用的影响。由于岩石中孔隙、裂隙发育程度变化很大，其孔隙率的变化也很大。三叠纪砂岩的孔隙率为 0.6% ~ 27.7%。碎屑沉积岩的时代越新，其胶结越差，则孔隙率越高。结晶岩类的孔隙率较低，很少高于 3%。常见岩石的物理性质如表 4-1-1 所示。

表 4-1-1　常见岩石的物理性质

岩石名称	相对密度（D）	重度（λ）/（kN/m^{-3}）	孔隙率（n）/%
花岗岩	2.50 ~ 2.84	23.0 ~ 28.0	0.04 ~ 2.80
正长岩	2.50 ~ 2.90	24.0 ~ 28.5	
闪长岩	2.60 ~ 3.10	25.2 ~ 29.6	0.18 ~ 5.00
辉长岩	2.70 ~ 3.20	25.5 ~ 29.8	0.29 ~ 4.00
斑岩	2.60 ~ 2.80	27.0 ~ 27.4	0.29 ~ 2.75
玢岩	2.60 ~ 2.90	24.0 ~ 28.6	2.10 ~ 5.00

续表

岩石名称	相对密度（D）	重度(λ)/(kN/m^{-3})	孔隙率（n）/%
辉绿岩	2.60 ~ 3.10	25.3 ~ 29.7	0.29 ~ 5.00
玄武岩	2.50 ~ 3.30	25.0 ~ 31.0	0.30 ~ 7.20
安山岩	2.40 ~ 2.80	23.0 ~ 27.0	1.10 ~ 4.50
凝灰岩	2.50 ~ 2.70	22.9 ~ 25.0	1.50 ~ 7.50
砾岩	2.67 ~ 2.71	24.0 ~ 26.6	0.80 ~ 10.00
砂岩	2.60 ~ 2.75	22.0 ~ 27.1	1.60 ~ 28.30
页岩	2.57 ~ 2.77	23.0 ~ 27.0	0.40 ~ 10.00
石灰岩	2.40 ~ 2.80	23.0 ~ 27.7	0.50 ~ 27.00
泥灰岩	2.70 ~ 2.80	23.0 ~ 25.0	1.00 ~ 10.00
白云岩	2.70 ~ 2.90	21.0 ~ 27.0	0.30 ~ 25.00
片麻岩	2.60 ~ 3.10	23.0 ~ 30.0	0.70 ~ 2.20
花岗片麻岩	2.60 ~ 2.80	23.0 ~ 33.0	0.30 ~ 2.40
片岩	2.60 ~ 2.90	23.0 ~ 26.0	0.02 ~ 1.85
板岩	2.70 ~ 2.90	23.1 ~ 27.5	0.10 ~ 0.45
大理石	2.70 ~ 2.90	26.0 ~ 27.0	0.10 ~ 6.00
石英岩	2.53 ~ 2.84	28.0 ~ 33.0	0.10 ~ 8.70
石英片岩	2.60 ~ 2.80	28.0 ~ 29.0	0.70 ~ 3.00

（二）岩石的水理性质

岩石的水理性质，是指岩石与水作用时所表现的性质，主要有岩石的吸水性、透水性、溶解性、软化性、抗冻性等。

1. 岩石的吸水性

岩石吸收水分的性能称为岩石的吸水性，常以吸水率、饱水率两个指标来表示。

（1）岩石的吸水率（ω_1）。

吸水率是指在常压下岩石的吸水能力，以岩石所吸水分的重力与干燥岩石重力之比的百分数表示，即

$$\omega_1 = \frac{G_w}{G_s} \times 100\% \qquad (4\text{-}1\text{-}4)$$

式中　ω_1——岩石吸水率（%）；

G_w——岩石在常压下所吸水分的重力（kN）；

G_s——干燥岩石的重力（kN）。

岩石的吸水率与岩石的孔隙量、大小、开闭程度和空间分布等因素有关。岩石的吸水率越大，则水对岩石的侵蚀、软化作用就越强，岩石的强度和稳定性受水作用的

影响也就越显著。

（2）岩石的饱水率（ω_2）。

岩石的饱水率是指在高压（15 MPa）或真空条件下岩石的吸水能力，以岩石所吸水分的重力与干燥岩石重力之比的百分数表示。

岩石的吸水率与饱水率的比值，称为岩石的饱水因数，其大小与岩石的抗冻性有关，一般认为饱水因数小于 0.8 的岩石是抗冻的。

常见岩石的吸水性见表 4-1-2。

表 4-1-2　常见岩石的吸水性

岩石名称	吸水率（ω_1）/%	饱水率（ω_2）/%	饱水因数/%
花岗岩	0.46	0.84	0.55
石英闪长岩	0.32	0.54	0.59
玄武岩	0.27	0.39	0.69
基性斑岩	0.35	0.42	0.83
云母片岩	0.13	1.31	0.10
砂岩	7.01	11.99	0.60
石灰岩	0.09	0.25	0.36
白云质石灰岩	0.74	0.92	0.80

2. 岩石的透水性

岩石的透水性是指岩石允许水通过的能力。岩石的透水性主要取决于岩石孔隙、裂隙的大小和连通情况。

岩石的透水性用渗透系数 K 来表示，如表 4-1-3 所示。

表 4-1-3　岩石的渗透系数

岩石名称	岩石渗透系数（K）/（$m \cdot s^{-1}$）	
	室内实验	野外实验
花岗岩	$10^{-11} \sim 10^{-7}$	$10^{-9} \sim 10^{-4}$
玄武岩	10^{-12}	$10^{-7} \sim 10^{-2}$
砂岩	$8\times10^{-8} \sim 3\times10^{-3}$	$3\times10^{-8} \sim 10^{-3}$
页岩	$5\times10^{-13} \sim 10^{-9}$	$10^{-11} \sim 10^{-8}$
石灰岩	$10^{-13} \sim 10^{-5}$	$10^{-7} \sim 10^{-3}$
白云岩	$10^{-13} \sim 10^{-5}$	$10^{-7} \sim 10^{-3}$
片岩	10^{-8}	2×10^{-7}

3. 岩石的溶解性

岩石的溶解性是指岩石溶解于水的性质，常用溶解度或溶解速度来表示。常见的可溶性岩石有石灰岩、白云岩、石膏、岩盐等。岩石的溶解性，主要取决于岩石的化学成分，但和水的性质有密切关系，如富含 CO_2 的水，具有较强的溶解能力。

4. 岩石的软化性

岩石的软化性是指岩石在水的作用下，强度和稳定性降低的性质。岩石的软化性主要取决于岩石的矿物成分和结构构造特征。岩石中黏土矿物含量高、孔隙率大、吸水率高，则易于与水作用而软化，使其强度和稳定性大大降低甚至丧失。

岩石的软化性指标为软化因数，它等于岩石在饱水状态下的极限抗压强度与岩石风干状态下极限抗压强度的比值，用小数表示。其值越小，表示岩石在水的作用下的强度和稳定性越差。未受风化影响的岩浆岩和某些变质岩、沉积岩，软化因数接近于 1，是弱软化或不软化的岩石，其抗水性、抗风化性和抗冻性强；软化因数小于 0.75 的岩石，认为是强软化的岩石，工程性质较差，如黏土岩类。常见岩石的软化因数如表 4-1-4 所示。

表 4-1-4　常见岩石的软化因数表

岩石名称	软化因数	岩石名称	软化因数
花岗岩	0.72 ~ 0.97	泥质砂岩、粉砂岩	0.21 ~ 0.75
闪长岩	0.60 ~ 0.80	泥岩	0.40 ~ 0.60
闪长玢岩	0.78 ~ 0.81	页岩	0.24 ~ 0.74
辉绿岩	0.33 ~ 0.90	石灰岩	0.70 ~ 0.94
流纹岩	0.75 ~ 0.95	泥灰岩	0.44 ~ 0.54
安山岩	0.81 ~ 0.91	片麻岩	0.75 ~ 0.97
玄武岩	0.30 ~ 0.95	变质片状岩	0.70 ~ 0.84
凝灰岩	0.52 ~ 0.86	千枚岩	0.67 ~ 0.96
砾岩	0.50 ~ 0.96	硅质板岩	0.75 ~ 0.79
砂岩	0.93	泥质板岩	0.39 ~ 0.52
石英砂岩	0.65 ~ 0.97	石英岩	0.94 ~ 0.96

5. 岩石的抗冻性

岩石的孔隙、裂隙中有水存在时，水一结冰，体积膨胀，则产生较大的压力，使岩石的构造等遭到破坏。岩石抵抗这种冰冻作用的能力，称为岩石的抗冻性。在高寒冰冻地区，抗冻性是评价岩石工程地质性质的一个重要指标。

岩石的抗冻性，与岩石的饱水因数、软化因数有着密切关系。一般是饱水因数越小，岩石的抗冻性越强。易于软化的岩石，其抗冻性也弱。温度变化剧烈，岩石反复冻融，则会降低岩石的抗冻能力。

岩石的抗冻性，有不同的表示方法，一般用岩石在抗冻试验前后抗压强度的降低率表示。抗压强度降低率小于 20%的岩石，认为是抗冻的；大于 25%的岩石，认为是非抗冻的。

（三）岩石的力学性质

岩石的力学性质指岩石在各种静力、动力作用下表现的性质，主要包括变形和强度。岩石在外力作用下首先是变形，当外力继续增加，达到或超过某一极限时，便开始产生破坏。岩石的变形与破坏是岩石受力后发生变化的两个阶段。

岩石抵抗外力而不被破坏的能力称岩石强度，荷载过大并超过岩石的承受能力时，便造成破坏，岩石开始破坏时所能承受的极限荷载称为岩石的极限强度，简称为强度。

按外力作用方式不同将岩石强度分为抗压强度、抗拉强度和抗剪强度。

1. 抗压强度

岩石单向受压时，抵抗压碎破坏的最大轴向压应力称为岩石的极限抗压强度，简称抗压强度（R）。

$$R = P / A \tag{4-1-5}$$

式中 P——试样破坏时的总压力（N）；

A——岩石受压截面面积（m^2）。

抗压强度通常在室内用压力机对岩样进行加压试验确定。目前试件多采用立方体或圆柱体（尺寸：5 cm×5 cm×5 cm，10 cm×10 cm×10 cm）。

影响抗压强度的因素有以下三个方面：

（1）岩石矿物成分、颗粒大小、结构、构造的影响；

（2）受岩石风化程度影响；

（3）试验条件的影响（饱和条件下岩石抗压强度小于天然状态或干燥条件下岩石的抗压强度）。

2. 抗拉强度

岩石在单向拉伸破坏时的最大拉应力，称为抗拉强度（σ_L）。

$$\sigma_L = p / A \tag{4-1-6}$$

式中 p——试样破坏时的拉力（N）；

A——岩石受拉截面面积（m^2）。

抗拉强度试验一般有轴向拉伸法和劈裂法，实际常利用其与抗压强度的关系间接确定。抗拉强度主要取决于岩石矿物组成之间的黏聚力的大小。

3. 抗剪切强度

岩石在一定的压力条件下，被剪破时的极限剪切应力值根据岩石受剪时的条件不同，通常把抗剪切强度分为以下三种类型：

（1）抗剪强度。

抗剪强度是指两块岩样在垂直接合面上一定压应力的作用下，岩样接触面之间所能承受的最大剪切力。测试该指标的目的在于求出抗剪系数值，为坝基、桥基、隧道等基底滑动和稳定验算提供试验数据。其值按式（4-1-7）计算。

$$\tau = \sigma \tan \varphi \tag{4-1-7}$$

式中 σ——压应力（MPa）；

φ——内摩擦角（°）。

（2）抗切强度。

抗切强度是岩石剪断面上无正压应力条件下，岩石被剪断时的最大剪应力值，它可测定岩石的黏聚力。其值按式（4-1-8）计算。

$$\tau = c \tag{4-1-8}$$

式中 c——岩石的黏聚力（MPa）。

（3）抗剪断强度。

抗剪断强度是岩石剪断面在一定的压应力作用下，被剪断时的最大剪应力值。其值按式（4-1-9）计算。

$$\tau = \sigma \tan \varphi + c \tag{4-1-9}$$

室内测定抗剪断强度时一般采用剪力仪。

常见岩石的抗压、抗剪及抗切强度指标如表 4-1-5 所示。

表 4-1-5 常见岩石的抗压、抗剪及抗切强度 单位：MPa

岩石名称	抗压强度	抗剪强度	抗切强度	岩石名称	抗压强度	抗剪强度	抗切强度
花岗岩	100～250	14～50	7～25	石灰岩	30～250	10～50	5～25
闪长岩	150～300		15～30	白云岩	30～250		15～25
辉长岩	150～300		15～30	片麻岩	50～200		5～20
玄武岩	150～300	20～60	10～30	板岩	100～200	15～30	7～20
砂岩	20～170	8～40	4～25	大理岩	100～250		7～20
页岩	5～100	3～30	2～10	石英岩	150～300	20～60	10～30

二、岩石的工程分类

1. 岩石按强度分类

在工程上，岩石根据岩石饱和单轴极限抗压强度可分为以下三类：

（1）硬质岩石。

硬质岩石是指饱和单轴极限抗压强度大于 30 MPa 的岩石，如花岗岩、闪长岩、玄武岩、石英砂岩、石灰岩、大理岩、石英岩等，此类岩石可作为建筑石材。

（2）软质岩石。

软质岩石是指饱和单轴极限抗压强度为 5 ~ 30 MPa 的岩石，如钙质页岩、泥质砂岩、千枚岩、片岩等。这类岩石不仅强度低，而且抗水性也差，在水的长期作用下，其内部的联结力会逐渐降低，甚至消失。

（3）极软岩石。

极软岩石是指饱和单轴极限抗压强度小于 5 MPa 的岩石，如黏土岩、泥质页岩、泥灰岩等。

2. 岩石按工程分级

岩石按工程分级可分为软石、次坚石、坚石 3 类。

（1）软石。

如各种松软岩石、盐岩、胶结不紧的砾岩、泥质页岩、砂岩、泥灰岩，以及节理较多的石灰岩等。

（2）次坚石。

如硅质页岩、硅质砂岩、白云岩、石灰岩、坚实的泥灰岩、软玄武岩、片麻岩、正长岩、花岗岩等。

（3）坚石。

如硬玄武岩、坚实的石灰岩、大理岩、石英岩、闪长岩、粗粒花岗岩、正长岩等。

习 题

（1）岩石相对密度的大小，取决于组成岩石的（　　）及其在岩石中的相对含量。

A. 矿物相对密度　　B. 密度　　C. 质量　　D. 体积

（2）对于同一种岩石，若密度大的结构致密、孔隙性小，强度和稳定相对较（　　）。

A. 极低　　B. 高　　C. 低　　D. 极高

（3）岩石吸收水分的性能称为岩石的吸水性，常以（　　）两个指标来表示。

A. 憎水率和饱水率　　B. 憎水率和吸水率

C. 憎水率和饱和度　　D. 吸水率和饱水率

（4）岩石的软化性，是指岩石在水的作用下，（　　）降低的性质。

A. 强度和稳定性　　B. 压实度和稳定性

C. 强度和压实度　　D. 强度和刚度

（5）测量岩石在剪断面上无正压应力的条件下，岩石被剪断时的最大剪应力值，是测定岩石（　　）的一种方法。

A. 黏聚力　　B. 刚度　　C. 抗切强度　　D. 饱和度

任务二　土的工程性质

【任务目标】

（1）掌握土的物理、水理、力学性质。

（2）掌握土的工程分类。

【任务学习引领】

土的物理、水理、力学性质分别包括什么？

【学生活动】

（1）仔细阅读任务知识点，对重要知识点（土的物理、水理性质）做好标记。

（2）以小组为单位制作兴趣知识卡片。

【任务知识点】

一、土的基本概念

一般情况下，土是由固体相、液体相、气体相组成的三相体系。固体相指土中的矿物颗粒，简称土粒。它构成土的骨架，称为土骨架。液体相由水溶液组成，可分为强结合水、弱结合水、毛细水、重力水等。气体相由空气和其他气体构成。土的三相组成如图 4-2-1 所示。

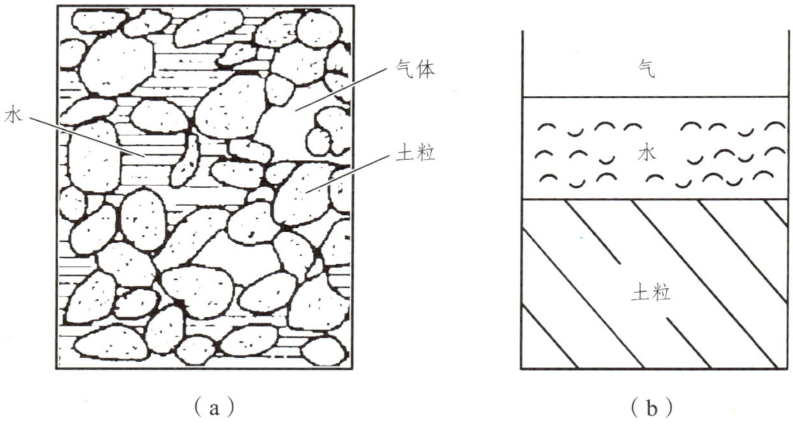

图 4-2-1　土的三相组成示意图

特殊情况下，土也可以是两相体系，如饱和土、干土，如图 4-2-2 所示。

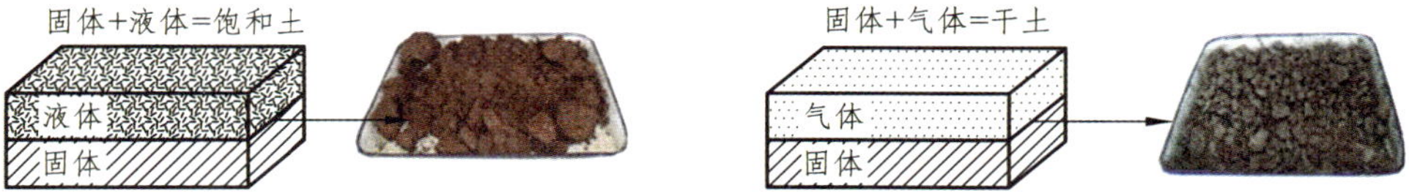

（a）　　（b）

图 4-2-2　土的两相组成示意图

二、土的工程性质

土的工程性质包括物理性质、水理性质和力学性质。

（一）土的物理性质

土的物理性质是指土的各组成部分（固相、液相和气相）的数量比例、性质和排列方式等所表现的物理状态，如轻重、干湿、松散程度等。土的物理性质是土最基本的工程地质性质，它在工程地质中，不仅要结合土的成分、结构、含水含气的情况来了解其物理性质的特点和变化规律，而且还要通过试验取得其物理性质各项指标的数据，以作为工程设计的依据。

土的物理性质指标，就是指土中固相、液相、气相三者在体积和质量方面相互配比的数值。为了方便分析和计算，一般将土的土相关系用简图加以表达，如图 4-2-3 所示。

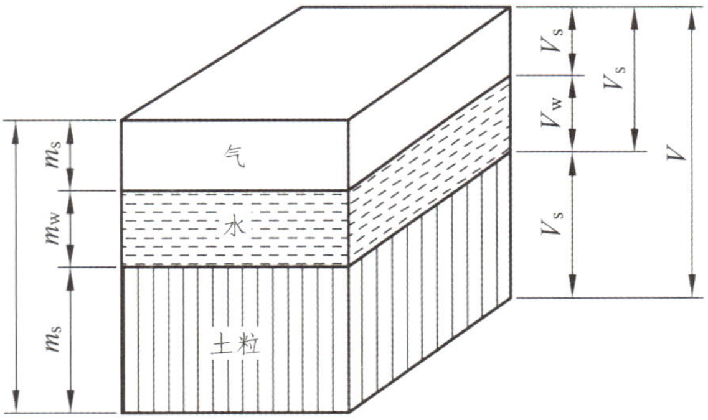

图 4-2-3　土的三相示意图

1. 相对密度

相对密度是 105 ~ 110 ℃下烘干至恒量时的质量与同体积 4 ℃蒸馏水质量的比值，即

$$d_s = \frac{m_s}{m_w} = \frac{m_s}{\rho_w v_s} \qquad (4\text{-}2\text{-}1)$$

式中　d_s——土粒的相对密度，无量纲；

m_s——土粒的质量（g）；

m_w——同体积 4℃蒸馏水的质量（g）；
v_s——土粒的体积（cm^3）；
ρ_w——4℃时水的密度（g/cm^3）。

2. 土的天然密度和天然重度

（1）天然密度。

天然密度（也称湿密度），是指天然状态下，土的单位体积的质量（包含土粒的质量和孔隙中天然水分的质量），即

$$\rho = \frac{m}{v} \tag{4-2-2}$$

式中 ρ——天然密度（g/cm^3）；
m——土粒的质量（g）；
v——土的体积（cm^3）；

（2）天然重度。

天然重度是指天然状态下，土的单位体积的重量（包含土粒的重量和孔隙中天然水分的重量），即

$$\gamma = \frac{w}{v} \quad 或 \quad \gamma = g \cdot \rho \tag{4-2-3}$$

式中 γ——土的天然重度（kN/m^3）；
w——土的总重量（kN）；
v——土的总体积（m^3）；
g——重力加速度，取 9.81 m/s^2。

土的密度与土的结构、所含水分的多少，以及矿物成分有关，所以在测定土的天然密度时，必须用原状土样（即其结构未受扰动破坏），以保持其天然结构状态下的天然含水量。如果土的结构破坏了或水分变化了，则土的密度也就改变了，这就不能正确测得真实的天然密度，用这种指标进行工程计算，就会得出错误的结果。

可见，土的密度与土粒密度不同，密度要用原状土样，而比重则可以用扰动土样法，因为它与土的结构和含水量无关，即不考虑土的孔隙性，在工程地质上把这类指标称为属性指标。而把与土的结构和含水量有关的指标，如土的密度，则称为状态指标。

用原状土样测定土的密度，通常用环刀法。土的孔隙中含水量的多少，对土的密度影响很大。随含水量的不同，土的密度值一般为 1.60～2.20 g/cm^3，随黏粒含量的增加密度也增加。

3. 干密度和干重度

（1）干密度。

干密度是指干燥状态下单位体积土的质量，为土中固体颗粒的质量（m_s）与土的

体积的比值，即

$$\rho_{\mathrm{d}}=\frac{m_{\mathrm{s}}}{v} \tag{4-2-4}$$

式中　ρ_{d}——土的干密度（$\mathrm{g/cm^3}$）。

（2）干重度。

干重度是干燥状态下单位体积土受的重力，即

$$\gamma_{\mathrm{d}}=g\cdot\rho_{\mathrm{d}} \tag{4-2-5}$$

式中　γ_{d}——土的干重度（$\mathrm{kN/m^3}$）。

土的干密度实际上是土中完全没有天然水分时的密度，它是土的密度的最小值。某一土样的干密度值的大小，主要取决于土的结构，因为它在这一状态下与含水量无关，加之土粒部分的矿物成分又是固定的。因此，土的结构，即孔隙度的大小，影响着干密度值，一般规律是土的干密度值越大，土越密实，孔隙度也就越小。干密度在一定程度上反映了土粒排列的紧密程度，在工程中，常用它来作为人工填土压实的控制指标。一般认为 ρ_{d} 为 1.60 $\mathrm{g/cm^3}$ 以上，土就比较密实了。

4. 饱和密度和饱和重度

（1）饱和密度。

饱和密度（ρ_{f}）是指土的孔隙中全部被水充满的情况下，单位体积土的质量，即

$$\rho_{\mathrm{f}}=\frac{m_{\mathrm{s}}+v_n\cdot\rho_{\mathrm{w}}}{v} \tag{4-2-6}$$

式中　ρ_{f}——土的饱和密度（$\mathrm{g/cm^3}$）；

v_n——土全部孔隙的体积（$\mathrm{cm^3}$）。

（2）饱和重度。

$$\gamma_{\mathrm{sat}}=g\cdot\rho_{\mathrm{f}} \tag{4-2-7}$$

式中　γ_{sat}——土的饱和重度（$\mathrm{kN/m^3}$）。

土的饱和密度是土的密度的最大值。可见，饱和密度的大小，与土的孔隙体积及土的比重密切相关，孔隙体积小，比重大，饱和密度就大，反之则小。含有机质较多的淤泥质土，孔隙体积很大，其饱和密度就小，一般只有 1.4 ~ 1.6 $\mathrm{g/cm^3}$。对饱和密度这一指标不用实测，往往用其他指标推导求得。

5. 水下密度和有效重度

（1）水下密度。

水下密度也称浮密度或浸水密度，是指土在地下水面以下，单位体积的质量。因土处于水面以下，孔隙全部被水充满，同时又受到水的浮力作用，使土粒质量被减轻，其计算式为

$$\rho' = \frac{m_s + v_n \cdot \rho_w - v \cdot \rho_w}{v} \tag{4-2-8}$$

（2）有效重度（浮重度）。

$$\gamma' = \gamma_{sat} - \gamma_w \tag{4-2-9}$$

式中　γ_w——水的重度（kN/m^3）。

在工程计算中，地下水位以下土层的密度，都要采用浮密度指标。砂性土和碎卵石在自由水中，便受到同体积水重的浮力；而黏性土因含有结合水，具黏滞性，有固体特征，结合水对黏土颗粒没有浮力作用。因水下黏土所承受的浮力并非同体积水中的浮力，计算时应视其紧密程度折减。如果粗略地计算，土的水下密度值可取 1。

6. 孔隙度和孔隙比

土不是致密无隙的而是土粒间存在着孔隙的物体，土的孔隙性是指孔隙的大小、形状、数量及连通情况等特征。土的孔隙性与土的粒度成分和土的结构有关，即与土粒排列的松紧程度相关。

土的孔隙性，通常用孔隙度和孔隙比两个指标来表示。这两个指标只能反映土内孔隙总体积的大小，而不能反映出单个孔隙的大小。在具有同样孔隙性的不同土中，孔隙的大小可能不一样。显然孔隙性指标相同，则孔隙大的土，单个孔隙数量就少；孔隙小的土，单个孔隙的数量就多。

可见，土的孔隙性指标只反映土的结构而与土中含水多少无关，所以它不仅是状态指标，而且还是结构指标。孔隙性由孔隙度和孔隙比两个指标衡量。

（1）孔隙度。

在天然状态下，土的单位体积中孔隙的总体积，称为孔隙度或孔隙率，即某一土样中孔隙的体积（v_n）与该土样的总体积（v）的比值，用百分数表示，即

$$n = \frac{v_n}{v} \times 100\% \tag{4-2-10}$$

在工程计算中，孔隙度 n 是常用指标，计算时可将百分数化为小数，常见值为 30% ~ 50%。

具有散粒结构的土，由于颗粒排列松紧不同，孔隙度也有变化，排列紧密的孔隙度小，排列松散的孔隙度大。粒度成分对孔隙度也有很大的影响，不均粒土的孔隙度要小于均粒土的孔隙度。

具海绵结构的黏性土，单个孔隙很小，但数量很多，水在其中为结合水，所以黏性土的孔隙度可以大于 50%，即 v_n 可能大于 v_s。

当土的结构因受外力而改变时，孔隙度也随之而改变，即 v_n 和 v 都在改变，因此往往需要用孔隙比来说明。

（2）孔隙比。

孔隙比是指土中孔隙的体积（v_n）与土粒的体积（v_s）的比值，常用小数表示，即

$$e = \frac{v_n}{v_s} \tag{4-2-11}$$

土的孔隙比可直接反映土的密实程度，孔隙比越大，土越疏松；孔隙比越小，土越密实。土的孔隙比常见值为 0.5 ~ 1.2。一般在天然状态下的土，若 $e<0.6$，可作为良好的地基；若 $e>1$，表明土中 $v_n>v_s$，是工程性质不良的土。

n 与 e 都是反映孔隙性的指标，但在应用上却有所不同。凡是用于与整个土的体积有关的测试时，一般用 n 较为方便，但若要对比一种土的变化状态时，则用 e 较为准确。由于 v_s 是不变的，可视为定值，土在荷载作用下引起变化的是 v_n，而 e 的变化直接与 n 的变化成正比，所以 e 能更明显地反映孔隙体积的变化。因此，在工程设计和计算中常用 e 这一指标。

由于土的粒度成分和疏密程度差别很大，其 n 和 e 的变化范围也大，分别为 20% ~ 80%和 0.25 ~ 4。一般无黏性土的 n 为 33% ~ 45%，e 为 0.5 ~ 0.8；而黏性土的 n 为 40% ~ 55%，e 为 0.67 ~ 1.2。

（二）土的水理性质

土的水理性质是指土中固体颗粒与水相互作用所表现的一系列性质。

1. 土的含水率

土的含水率（习惯称含水量）是指土的孔隙中所含水分的数量，它是土的基本物理指标之一，能反映出土的含水情况和土的状态。土的含水情况指标包括天然含水量、饱和含水量和饱和度等。

（1）天然含水量。

天然含水量是在天然状态下土中所含水分的数量，简称为含水量。其值为即土的孔隙中水分的质量（m_w）与土中所含土粒质量（m_s）的比值，一般用百分数表示，即

$$\omega = \frac{m_w}{m_s} \times 100\% \tag{4-2-12}$$

含水量的值越大，表明土中水分也越多。不同的土，含水量的变化范围很大。一般情况下，砂土的天然含水量不超过 40%。多为 10% ~ 30%，黏性土为 20% ~ 50%。

土的含水量是一个实测指标。它只能表明土中固相与液相之间的数量关系，而不能描述有关土中水的性质；只能反映孔隙中水的绝对值，而不能说明其充满程度。

土的含水量测定的方法常用烘干法或酒精焙烧法直接测定。

（2）饱和度（S_r）。

饱和度也称饱水系数，是土中天然含水量的体积（v_w）与土的全部孔隙（v_n）的比值，表示孔隙被水充满的程度，用百分数表示，即

$$S_r = \frac{v_w}{v_n} \tag{4-2-13}$$

由于 S_r 介于 0 和 1 之间，不会大于 1（砂性土），所以在工程地质学中按饱和度的范围可将土划分为以下三种状态：

① 稍湿的：$0 \leqslant S_r \leqslant 0.5$

② 很湿的：$0.5 < S_r \leqslant 0.8$

③ 饱和的：$0.8 < S_r \leqslant 1$

颗粒较粗的砂性土，对含水量的变化不敏感，当发生某种改变时，它的物理力学性质变化不大，所以对砂性土的物理状态可以用 S_r 来表示。但对黏性土而言，它对含水量的变化十分敏感，随着含量增加体积膨胀，结构也发生了改变。当黏性土处于饱和状态时，可能就丧失了相应力学性能，因此黏性土一般不用 S_r 这一指标。

2. 土的透水性

土中的自由液态水在重力作用下沿孔隙发生运动的现象，称为渗透。土能使水透过孔隙的性能称为土的透水性。

土的透水性的强弱，主要取决于土的粒度成分及其孔隙特征，即孔隙的大小、形状、数量及连通情况等。粗碎屑土和砂土都是透水性良好的土，细粒土为透水性不良的土，而黏性土因有较强的结合水膜，若再加上有机质的存在，自由水不易透过，则可视为不透水层，即“隔水层”。隔水只是相对的，黏性土也不是绝对不透水的，自然界的黏性土层的透水性具有各向异性的特征，如带状结构的黏性土，其水平方向的透水性大于垂直方向；黄土类土，由于垂直节理发育，因此在垂直方向的透水性大于水平方向。

土的透水性是实际工程中不可忽视的工程地质问题，如路基土的疏干，桥墩基坑出水量的计算，饱和黏性土地基稳定时间的计算，河滩路堤填料的渗透性，河岸、小型水库的防水土坝的隔水层的选料，等等。

渗透系数对于同一类土而言，应为常数，但却因土类不同而不同，其规律是随土粒的增大而增大，如表 4-2-1 所示。在实际工程中，常采用的最简便的方法就是根据经验数值查表而得。

表 4-2-1　各种土的渗透系数

土　名	渗透系数/（m/d）	土　名	渗透系数/（m/d）	土　名	渗透系数/（m/d）
黏　土	＜0.001	粉　砂	0.5 ~ 1.0	粗　砂	15 ~ 50
亚黏土	0.001 ~ 0.1	细　砂	1 ~ 5	砾石砂	50 ~ 100
亚砂土	0.1 ~ 0.5	中　砂	5 ~ 15	砾　石	100 ~ 200

3. 黏性土的界限含水率

在黏性土中，当只含强结合水时，土呈固态，能够抵抗较大的外力而不变形；当土中含水量加大，含有弱结合水时，土呈半固态，在外力作用下易变形；当土中含水量加大到出现极弱结合水时，土呈塑性状态，在外力作用下易变形但不发生断裂；当土中含有自由液态水时，黏粒间距离较大，水胶连接力几乎消失，则土呈液性状态，如图 4-2-4 所示。

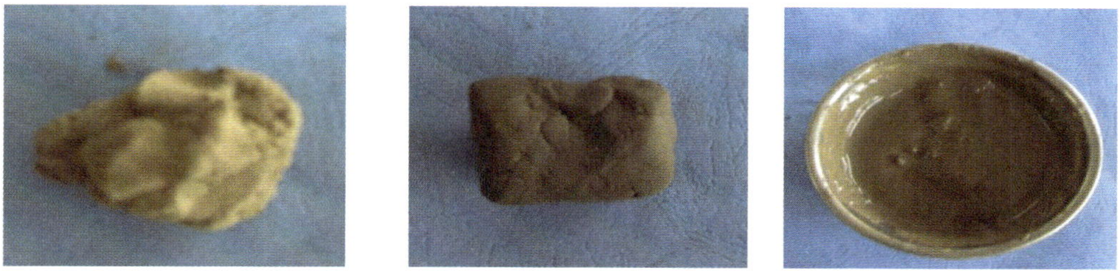

（a）固态　　（b）塑态　　（c）液态

图 4-2-4　土的状态

（1）界限含水量。

相邻的土的两种状态虽有明显的区别，但并无截然划分的标准，而是一个连续渐变的过程，当含水量的变化到一定界限时，就会出现质的变化。通常将土从一种稠度状态变为另一种稠度状态的界限，称为稠度界限。由于稠度界限是用含水量表示的，因此又称为界限含水量。界限含水量分为以下三种：

① 液限（ω_L）：是土的液态和塑态之间的界限含水量。

② 塑限（ω_P）：是塑态与半干硬状态之间的界限含水量。

③ 缩限（ω_S）：在干硬状态范围内，是半干硬状态与干硬状态之间的界限含水量。

（2）塑性指数。

塑性指数是土的液限与塑限两个界限含水量之差，即

$$I_P = \omega_L - \omega_P \tag{4-2-14}$$

塑性指数 I_P 值越大，可塑性越强，反之则越小。黏性土的塑性指数大小，主要取决于土中黏粒、胶粒的含量及矿物成分的亲水性。也就是说，土中黏粒胶粒含量越多，亲水性越强，土的塑性指数越大，反之则越小。在工程地质实践中常用 I_P 值对黏性土进行分类和命名。黏性土界限含水量的测试方法很多，过去常用锥式液限仪测定液限，用搓条法测定塑限，现在通常用液塑限联合测定仪同时测定液限和塑限。

（3）液性指数。

为了反映黏性土在天然情况下的稠度状态，可以用液性指数（I_L）来表示，即土的天然含水量和塑限之差与塑性指数的比值，即

$$I_L = \frac{\omega - \omega_P}{I_P} = \frac{\omega - \omega_P}{\omega_L - \omega_P} \tag{4-2-15}$$

（三）土的力学性质

1. 抗剪强度（τ）

受外力作用，土在单位面积剪切面上所能承受的最大剪应力，称为土的抗剪强度。

土的抗剪强度参数由黏聚力和内摩擦角来进行表征。常见土的抗剪强度参数如表 4-2-2 所示。

表 4-2-2 常见土的抗剪强度参数

土的种类	砂土	粉土	粉质黏土	黏土
黏聚力（c）/kPa	0 ~ 3	3 ~ 7	10 ~ 40	25 ~ 60
内摩擦角（φ）/（°）	28 ~ 40	23 ~ 30	17 ~ 24	15 ~ 18

2. 压缩性

土的压缩性是指土在荷载作用下产生变形的特性。土的压缩性主要是孔隙减小，孔隙水排除，因此土的压缩又称为固结。土的压缩模量是指在侧限条件下，竖向应力增量与竖向应变增量之比，称为土的压缩模量 E_s。常见土的压缩模量 E_s 如表 4-2-3 所示。

表 4-2-3 常见土的压缩模量

土的种类	砂土	粉土	粉质黏土	黏土
压缩模量（E_s）/MPa	24 ~ 46	11 ~ 23	8 ~ 45	11 ~ 28

3. 泊松比（μ）

土的泊松比是指土在单向受力的情况下横向应变与轴向应变的比值，也称为横向变形系数，是反映土横向变形的弹性常数。常见土的泊松比如表 4-2-4 所示。

表 4-2-4 常见土的泊松比

土的种类	碎石土	砂土	粉质黏土	软塑黏土
泊松比（μ）	0.15 ~ 0.25	0.25 ~ 0.30	0.23 ~ 0.30	0.35 ~ 0.40

4. 剪切波速（V_s）

在土中传播的横波在工程应用中常称为剪切波，一般用剪切波速 V_s 来评价土的动力性能。常见土的剪切波速如表 4-2-5 所示。

表 4-2-5 常见土的剪切波速

土的种类	填土	黏土	粉土	砂土（干）	碎石土
剪切波速（V_s）/（m/s）	100 ~ 150	100 ~ 230	130 ~ 230	170 ~ 260	200 ~ 240

三、土的工程分类

1. 按颗粒级配分类

根据《土的工程分类标准》（GB/T 50145—2007）规定，土的基本分类按其不同粒组的相对含量，可划分为巨粒类土、粗粒类土、细粒类土。土的粒组划分如表 4-2-6 所示。

表 4-2-6　土的粒组划分

颗粒类型	颗粒名称		粒径范围/mm
巨粒	漂石（块石）		$d>200$
	卵石（碎石）		$60<d\leqslant 200$
粗粒	砾粒	粗砾	$20<d\leqslant 60$
		中砾	$5<d\leqslant 20$
		细砾	$2<d\leqslant 5$
	砂粒	粗砂	$0.5<d\leqslant 2$
		中砂	$0.25<d\leqslant 0.5$
		细砂	$0.075<d\leqslant 0.25$
细粒	粉粒		$0.005<d\leqslant 0.075$
	黏粒		$d\leqslant 0.005$

2. 按地质成因分类

根据地质成因，土可划分为残积土、坡积土、洪积土、冲击土、淤积土、冰积土和风积土等。土的主要成因类型及堆积特征如表 4-2-7 所示。

表 4-2-7　土的主要成因类型及堆积特征

成因类型	堆积方式及条件	堆积物特征
残积	岩石经风化作用而残留在原地的碎屑堆	碎屑物从地表向深处由细变粗，其成分与母岩相关，一般不具层理，碎块呈棱角状土质不均，具有较大孔隙，厚度在小丘顶部较薄，低洼处较厚
坡积和崩积	风化碎屑物由雨水或融雪水沿斜坡搬运及由本身的重力作用堆积在斜坡上或坡脚处而成	碎屑物从坡上往下逐渐变细，分选性差，层理不明显，厚度变化大，厚度在斜坡较陡处较薄，坡脚地段较厚
洪积	由暂时性洪流将山区或高地的大量风化碎屑携带至沟口或平缓地带堆积而成	颗粒具有一定的分选性，但往往大小混杂。多呈亚棱角状，洪积扇顶部颗粒较粗。层理紊乱呈交错状，透镜体及夹层较多，边缘处颗粒细，层理清楚
冲积	由长期的地表水流搬运，在河流阶地冲积平原、三角洲地带堆积而成	颗粒在河流上游较粗，向下游逐渐变细，分选性及磨圆度均好，层理清楚。除牛轭湖及某些河床相沉积外厚度较稳定

成因类型	堆积方式及条件	堆积物特征
淤积	静水或缓慢流水环境中沉积，并伴有生物化学作用而成	颗粒以粉粒、黏粒为主，且含有一定数量的有机质或盐类，一般土质松软，有时为淤泥质黏土、粉土与粉砂互层。具有清晰的薄层理
风积	在干旱气候条件下，碎屑物被风吹扬，降落堆积而成	颗粒主要由粉粒或砂粒组成、土质均匀、质纯、孔隙大、结构松散

3. 按特殊性质分类

根据土的工程性质可将土分为普通土和特殊土两类。普通土是指按颗粒级配（或塑性指数）分类的土。

特殊土是相对于普通土而言的，是指具有特殊成分、状态、结构特征，并具有特殊工程性质的土。特殊土特有的工程性质往往与特定的成因环境、区域自然地理条件及地质条件等密切相关，在分布上也具有区域性的特点。常见的特殊土有软土、黄土、膨胀土、冻土、盐渍土、红黏土、填土等，在任务三特殊土的工程性质中将介绍一些常见的特殊土。

习 题

（1）土的密度与土的结构和所含水分的多少以及（　　）有关。

A. 天然孔隙比　　B. 最大孔隙比

C. 相对密度　　D. 矿物成分

（2）在研究土的性质时，其最基本的工程特征是（　　）。

A. 土的物理性质　　B. 土的力学性质

C. 土的压缩性　　D. 土的渗透性

（3）土中的自由液态水在重力作用下沿孔隙发生运动的现象称为（　　）。

A. 透水性　　B. 吸水性　　C. 渗透性

（4）土的含水量是指在（　　）下烘至恒量所失去水分质量与达恒量后干土质量的比值。

A. 105 ~ 110℃　　B. 100 ~ 105℃

C. 100 ~ 110℃　　D. 100℃以上

（5）土从可塑状态到半固态状态的界限含水量称为（　　）。

A. 缩限　　B. 塑限　　C. 液限

任务三　特殊土的工程性质

【任务目标】

（1）掌握特殊土的工程地质性质。

（2）掌握特殊土的工程防治措施。

【任务学习引领】

（1）特殊土包括什么？

（2）特殊土的工程性质有哪些？

【学生活动】

（1）仔细阅读任务知识点，对重要知识点（特殊土的工程地质性质及防治措施）做好标记。

（2）以小组为单位论特殊土的工程性质区别。

【任务知识点】

一、软　土

软土泛指淤泥、淤泥质土（淤泥质黏性土、粉土），指在静水或非常缓慢的流水环境中沉积形成的，并经生物化学作用而形成的饱和软黏性土，如图 4-3-1 所示。

（a）

（b）

图 4-3-1　淤泥质土

（一）软土的特征

软土富含有机质，天然含水量大于液限，天然孔隙比大于或等于 1；孔隙小，黏粒的吸水性、亲水性强，土中有机质多，分解出的气体封闭在孔隙中，使土的透水性变差，在建筑物荷载作用下容易发生不均匀下沉和大量沉降，而且压缩下沉很慢，完成下沉的时间很长；强度低，无侧限抗压强度为 10～40 kPa。此外，软土还具有如下特征：

（1）软土的颜色多为灰绿、灰黑色，手摸有滑腻感，能染指，有机质含量高时，有腥臭味。

（2）软土的粒度成分主要为黏粒及粉粒。

（3）软土的矿物成分，除粉粒中的石英、长石、云母外，黏粒中的黏土矿物主要是伊利石，高岭石次之。黏粒含量高达 60%～70%。

（4）软土具有典型的海绵状或蜂窝状结构，这是造成软土孔隙比大、含水量高、透水性小、压缩性大、强度低的主要原因之一。

（5）软土常具有层理构造，软土和薄层的粉砂、泥炭层等相互交替沉积，或呈透镜体相间形成性质复杂的土。

（二）软土的分类

软土可细分为软黏性土、淤泥质土、淤泥、泥炭质土和泥炭等。

（1）当 $e \geq 1.5$ 时，称淤泥。一般呈欠压密状态，以致其孔隙比和天然含水量随埋藏深度变化很小，因而土质特别松软。

（2）当 $1.0 \leq e < 1.0$ 时，称淤泥质土。它是淤泥与一般黏性土的过渡类型，一般呈稍欠压密或正常压密状态，其强度随埋藏深度有所增大。

（3）当土中有机质含量为 5%～10%时，称有机质土。

（4）当有机质含量为 10%～60%，称泥炭质土。

（5）当有机质含量大于 60%时，称泥炭。泥炭是由未充分分解的植物遗体堆积而成的一种高有机土，呈深褐色或黑色。其含水量极高，压缩性很大且不均匀，往往以夹层或透镜体构造存在于一般黏性土或淤泥质土层中，对工程极为不利。

（三）软土的成因及其分布

我国沿海地区、平原地带、内陆湖盆、洼地、河流两岸地区及山前谷地，广泛的分布有各种软土。沿海、平原地带软土多位于大河下游入海三角洲或冲积平原处，如长江、珠江三角洲地带，塘沽、温州、闽江口平原等地带。内陆湖盆、洼地则以洞庭湖、洪泽湖、太湖、滇池等地为代表性的软土发育地区。山间盆地及河流中下游两岸漫滩、阶地、废弃河道等处也常有软土分布。沼泽地带则分布着富含有机质的软土和泥炭。

我国范围内的软土按成因分类主要有沿海沉积型、内陆湖盆沉积型等类型。

本书重点学习内陆湖盆沉积型软土。这类软土分布零星，厚度较小，性质变化大，主要有以下几种类型：

（1）湖相沉积：主要分布于滇池、洞庭湖、洪泽湖、太湖等地区。颗粒微细均匀，富含有机质，沉积较厚（一般为 10 ~ 20 m，个别超过 20 m），不夹或很少夹砂层，常有厚度不等的泥炭夹层或透镜体。

（2）河流漫滩相沉积：主要分布于长江、松花江中下游河谷附近。淤泥类土常夹于上层亚砂土、亚黏土之中，呈袋状或透镜体，产状厚度变化大，厚度一般小于 10 m，下层常为砂层。这种淤泥类土为局部淤积，其成分、厚度和性质变化较大。

（3）牛轭湖沉积：与湖相沉积相近，但分布较窄，且常有泥炭夹层，一般呈透镜体埋藏于一般冲积层之下。

（4）河滩沉积：一般呈带状分布于河流中、下游漫滩及阶地上，这些地带通常漫滩宽阔，河岔较多，河曲发育，常有牛轭湖存在。软土的特点是岩层沉积交错复杂，透镜体较多，软土厚度不大，一般小于 10 m。

（5）沼泽沉积：沼泽软土颜色深，多为黄褐色、褐色至黑色，主要成分为泥炭，并含有一定数量的机械沉积物和化学沉积物。

（6）山前谷地沉积：有一类“山地型”软土，其分布、厚度及性质等变化均很大。它主要由当地泥灰岩、页岩、泥岩风化产物和地表有机物质，由水流搬运沉积于原始地形低洼处，经长期水泡软化及微生物作用而成。成因类型以坡洪积、湖积和冲积为主，主要分布于冲沟、谷地、河流阶地和各种洼地里，分布面积不大，厚度相差悬殊。通常冲积相土层很薄，土质较好。湖积相土层中常有较厚的泥炭层，土质常比平原湖积相还差。坡洪积相土层最常见，性质介于前两者之间。

（四）软土的工程性质

1. 软土的孔隙比和含水量

软土的颗粒分散性高、联结弱、孔隙比大、含水量高，孔隙比一般大于 1，可高达 5.8。如云南滇池淤泥，含水量大于液限达 50% ~ 70%，最大可达 300%。沉积年代久，埋深大的软土，孔隙比和含水量降低。

2. 软土的透水性和压缩性

软土孔隙比大，孔隙细小，黏粒亲水性强，土中有机质多，分解出的气体封闭在孔隙中，使土的透水性变得很差，渗透系数 $k<10^{-6}$ cm/s。软土在荷载作用下排水不畅，固结慢，压缩性高，压缩系数 a 为 0.7 ~ 20 MPa^{-1}，压缩模量为 1 ~ 6 MPa。软土在建筑物荷载作用下容易发生不均匀下沉和大量沉降，但下沉缓慢，完成下沉的时间很长。

3. 软土的强度

软土强度低，无侧限抗压强度为 10 ~ 40 kPa。不排水直剪试验中 φ 为 2° ~ 5°，c 为 10 ~ 15 kPa；排水条件下 φ 为 10° ~ 15°，c 为 20 kPa。所以在确定软土抗剪强度时，应根据建筑物加载情况选择不同的试验方法。

4. 软土的触变性

软土受到振动，颗粒联结破坏，土的强度降低，呈流动状态，称为触变，也称振动液化。触变可以使地基土大面积失效，导致建筑物破坏。触变的机理是吸附在土颗粒周围的水分子的定向排列被破坏，土粒悬浮在水中，呈流动状态。当振动停止，土粒与水分子相互作用的定向排列恢复，土强度可慢慢恢复。

软土的触变性用灵敏度 S_t 表示，即

$$S_t = \frac{q_u}{q'_u} \tag{4-3-1}$$

式中 q_u——原状土的抗剪强度（kPa）;

q'_u——扰动土的抗剪强度（kPa）。

灵敏度 S_t 一般为 3～4，可达 8～9。灵敏度越大，强度降低越明显，产生的危害也越大。

5. 软土的流变性

长期荷载作用下，变形可延续很长时间，最终引起破坏，这种性质称为流变性。破坏时土强度低于常规试验测得的标准强度。软土的长期强度只有平时强度的 40%～80%。

（五）软土的主要工程地质问题

软土的工程地质问题主要为过大的沉降变形、不均匀沉降变形和整体剪切破坏等。由于软土含水量高、压缩性大、抗剪强度低，在附加荷载的作用下，软土地基容易产生过大的沉降变形，当建筑物结构或地基均匀性较差时，也容易产生不均匀沉降，导致建筑物破损。若附加荷载过大或施工加载过快，则可导致软土地基的剪切破坏。

（六）软土地基的防治措施

软土地基加固与处理方法如表 4-3-1 所示。

表 4-3-1　软土地基加固与处理方法

方　法	施工要点	适用范围
强夯	强夯法采用 10～20 t 重锤，从 10～40 m 高处自由落下，夯实土层。强夯法能产生很大的冲击能，使软土迅速排水固结，加固深度可达 11～12 m	适用于深度小于 12 m 的软土层
换土	将软土挖除，换填强度较高的黏性土、砂、砾石、卵石等渗水土，从根本上改善了地基土的性质	适用于深度不超过 2 m 的软土

方　法	施工要点	适用范围
砂垫层	 在建筑物（如路堤）底部铺设一层砂垫层，其作用是在软土顶面增加一个排水面。在路堤填筑过程中，由于荷载逐渐增加，软土地基排水固结，渗出的水可以从砂垫层排走	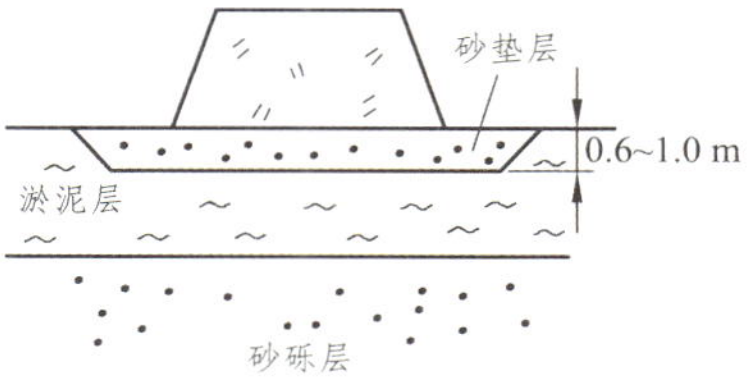 适用于软土深度不超过 2 m，砂料较丰富地区
抛石挤淤	在路基底部从中间向两边抛投一定数量的片石，将淤泥挤出基底范围，以提高地基强度 	适用于石料丰富区，软土厚 3 ~ 4 m
反压护道	在路堤两侧填筑一定宽度低于路堤的护道，以平衡路堤下的软土的隆起之势，从而保证路堤的稳定性	适用于非耕作区和取土不困难的地区
砂井排水	 在软土地基中按一定规律设计排水砂井，井孔直径多在 0.4 ~ 2.0 m，井孔中灌入中、粗砂，砂井起排水通道作用，加快软土排水固结过程，使地基土强度提高	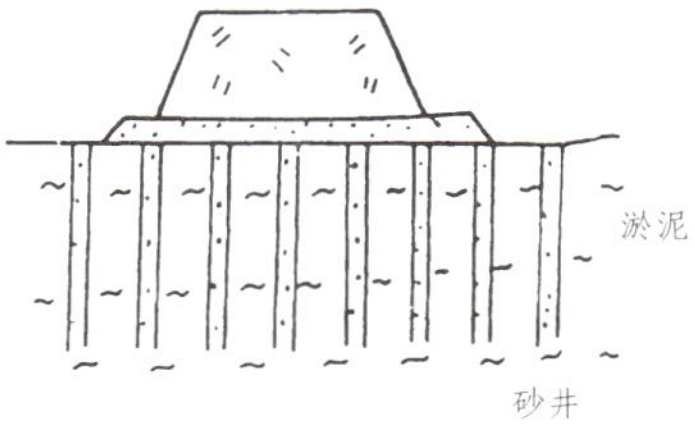 适用于软土层厚度大于 5 m、路堤高度大于极限高度 2 倍的情况，或地处农田和填料来源较困难的地区

方　法	施工要点	适用范围
深层挤密	在软弱土中成孔，在孔内填以水泥、砂、碎石、素土、石灰或其他材料（煤矸石、粉煤灰等），形成桩土复合地基（水泥砂桩或石灰桩），从而使较大深度范围内的松软地基得以挤密和加固	适用于软土层较厚地区
化学加固	通过气压、液压等将水泥浆、黏土浆或其他化学浆液压入、注入、拌入土中，使其与土粒胶结成一体，形成强度高、化学稳定性良好的“结石体”，以增强土的强度。按施工方式分为灌浆法、高压旋喷法、深层搅拌法等	适用于软土层较厚地区

二、黄　土

黄土是以粉粒为主，含碳酸盐，孔隙大，质地均一，无明显层理而有显著垂直节理的黄色陆相沉积物。黄土在干旱气候条件下形成，一般分布在沙漠下风处，如图 4-3-2 和图 4-3-3 所示。

图 4-3-2　黄土颗粒

图 4-3-3　黄土高原坡积黄土

（一）黄土的特征

典型的黄土具备以下特征：

（1）颜色为淡黄、褐黄和灰黄色。

（2）以粉土颗粒（0.005 ~ 0.075 mm）为主，占 60% ~ 70%。

（3）含各种可溶盐，主要富含碳酸钙，含量可达 10% ~ 30%，对黄土颗粒有一定的胶结作用，常以钙质结核的形式存在，又称姜石。

（4）结构疏松，孔隙多且大，孔隙度达 33% ~ 64%，肉眼可见虫孔、植物根孔等。

（5）无层理，具柱状节理和垂直节理，天然条件下稳定边坡近直立。

（6）黄土的湿陷性是黄土的典型特殊性质，但并非所有黄土都具有湿陷性，具有湿陷性的黄土称为湿陷性黄土。

具有上述 6 项特征的黄土是典型黄土，只具备部分特征的黄土称为黄土状土。

（二）黄土的成因及分类

根据黄土形成的地质年代和成因上的不同，可以将黄土分成如表 4-3-2 所示类型。

表 4-3-2　黄土类型

年代分类	地层时代		成因分类	描　述
砂黄土	全新世	Q_4	风积黄土	分布在黄土高原平坦的顶部和山坡上，厚度大，质地均匀，无层理
新黄土	晚更新期	Q_3	坡积黄土	多分布在山坡坡脚及斜坡上，厚度不均，基岩出露区常夹有基岩碎屑
老黄土	中更新期	Q_2	残积黄土	多分布在基岩山地上部，由表层黄土及基岩风化而成
			洪积黄土	主要分布在山前沟口地带，一般有不规则的层理，厚度不大
红色黄土	早更新期	Q_1	冲积黄土	主要分布在大河的阶地上，如黄河及其支流的阶地上，阶地越高，黄土厚度越大；6 层理明显，常夹有粉砂、黏土、砂卵石等，大河阶地下部常有厚数米及数十米的砂卵石层

（三）黄土的分布

黄土分布广泛，在欧洲、北美、中亚等地均有分布，在全球分布面积达 1.3×10^7 km²，占地球表面积的 2.5%以上。我国是黄土分布面积最大的国家，黄土分布面积约有 6.4×10^5 km²，主要分布在秦岭以北的黄河中游地区，称之为黄土高原，如甘肃中部和东部、宁夏南部、陕西北部、山西北部。黄土地貌从大的形态来看，多为倾斜的单调高原或平原。黄土地区沟壑纵横，常发育有黄土塬、黄土梁、黄土峁、黄土陷穴等地貌。

（四）黄土的工程性质

1. 黄土的压缩性

土的压缩性用压缩系数 a 表示，$a<0.1\ \text{MPa}^{-1}$ 为低压缩性土，$0.1\ \text{MPa}^{-1}\leqslant a\leqslant0.50\ \text{MPa}^{-1}$ 为中压缩性土，$a>0.5\ \text{MPa}^{-1}$ 为高压缩性土。黄土多为中压缩性土，近代

黄土为高压缩性土，老黄土压缩性较低。

2. 黄土的抗剪强度

一般黄土的内摩擦角 φ 为 15° ~ 25°，凝聚力 c 为 30 ~ 40 kPa，抗剪强度中等。

3. 黄土的湿陷性

天然黄土在一定的压力作用下，浸水后产生突然的下沉现象，称为湿陷。这个一定的压力称为湿陷起始压力。在饱和自重压力作用下的湿陷称为自重湿陷；在自重压力和附加压力共同作用下的湿陷，称为非自重湿陷。

引起湿陷的原因是因为黄土以粉粒和亲水弱的矿物为主，具有大孔结构，天然含水量小，具有黏粒的强结合水联结和盐分的胶结联结，在干燥时可以承担一定荷重而变形不大，但浸湿后，土粒联结显著减弱，引起土结构破坏产生湿陷变形。湿陷变形从成因上可分为自然诱发和人为诱发两类，它们造成的经济损失都相当严重，同时人为诱发的湿陷有逐渐增多的趋势。造成黄土湿陷原因主要有以下三方面：

（1）黄土的力学性质从内部改变了黄土，在浸水及外部荷载因素下，使剪应力超过抗剪强度，从而发生湿陷。

（2）黄土内部受浸水湿化作用下，使土壤自身摩擦力降低，外部扰动作用诱发湿陷。

（3）黄土内部结构发生崩解，使黄土颗粒间胶结强度弱化，颗粒间相对迁移，并伴随小颗粒进入大间隙。同时，由于颗粒间胶结被水溶解，在外部扰动作用下强度已不堪平衡，造成土质结构损坏，如图 4-3-4 所示。

图 4-3-4　黄土的湿陷性引起边坡塌陷

黄土湿陷性评价多采用浸水压缩试验的方法，将原状黄土放入固结仪内，在无侧限膨胀条件下进行天然黄土压缩试验。当变形稳定后，测出试样高，再测量当浸水饱和、变形稳定后的试样高度，计算相对湿陷性系数 δ_s 进行评价。

$$\delta_s = \frac{h_1 - h_2}{h_1} \tag{4-3-2}$$

式中　h_1——天然黄土在规定压力下试样的高度（m）;

h_2——浸水饱和变形稳定后试样的高度（m）。

根据湿陷性系数 δ_s 的大小，可将湿陷性黄土分为非湿陷性黄土（δ_s <0.02）、轻微湿陷性黄土（0.02≤ δ_s ≤0.03）、中等湿陷性黄土（0.03< δ_s ≤0.07）、强湿陷性黄土（δ_s >0.07）。

（五）黄土的主要工程地质问题

黄土的主要工程地质问题有黄土湿陷和黄土洞穴。

1. 黄土湿陷

黄土湿陷变形很大，通常是正常压缩的几倍甚至几十倍，湿陷变形快且不均匀，往往是遇水后的 1 ~ 3 h 就开始湿陷。黄土的失陷变形会使建筑物产生很大的沉降和不均匀沉降，导致建筑物开裂、倾斜、甚至破坏。

2. 黄土洞穴

黄土地区常常有天然或人工洞穴，由于这些洞穴的存在和不断发展扩大，往往引起上覆建筑物突然塌陷，称为陷穴。黄土陷穴的发展主要是由于黄土湿陷和地下水的潜蚀作用造成的，为了及时整治黄土洞穴，必须查清黄土洞穴的位置、形状及大小。黄土陷穴能造成地基失稳、路基塌陷及建筑物破坏，对工程建设危害很大。

（六）黄土的防治措施

由于黄土结构疏松、孔隙大、抗水性能差、易崩解，具有潜蚀、冲刷和湿陷性等特征，使得在黄土地区的工程出现多种病害，如路堑边坡的剥落、冲刷、崩塌、滑坡，路堤和房屋建筑的不均匀沉陷、变形开裂等。因此，在工程中必须采取相应的措施，以保证安全。

1. 防水措施

水的渗入是黄土地质病害的根本原因，只要能做到严格防水，各种事故是可以避免或减少的。防水措施包括：场地平整，以保证地面排水畅通；做好室内地面防水措施和室外散水；构筑排水沟，特别是施工开挖基坑时要注意防止水的渗入，切实做到上下水道和暖气管道等用水设施不漏水。

2. 黄土地基处理

地基处理是对基础或建筑物下一定范围内的湿陷性黄土层进行加固处理或换填非湿陷性土，达到消除湿陷性，减小压缩性和提高承载力的目的。在湿陷性黄土地区，国内外采用的地基处理方法有重锤表层夯实、强夯、换填土垫层、土桩挤密、化学加固等方法，如表 4-3-3 所示。

表 4-3-3　黄土地基处理方法

方　法	施工要点	适用范围
重锤表层夯实	一般采用 2.5～3.0 t 的重锤，落距 4.0～4.5 m	适用于 2 m 以内厚度的黄土地基
强夯	 一般采用 8～40 t 的重锤（最大质量达 200 t），落距 10～20 m 的高度自由下落，击实土层	适用于厚度大于 2 m 的黄土地基
换填土垫层	 先将处理范围内的黄土挖出，然后用素土或灰土在最佳含水量下回填夯实	适用于地表下 1～3 m 的黄土层的湿陷性改善
土桩挤密	先在土内成孔，然后在孔中分层填入素土或灰土并夯实。在成孔和填土夯实过程中，桩周的土被挤压密实，从而消除湿陷性	适用于 5～15 m 厚的黄土地基
化学灌浆加固	通过注浆管，将化学浆液注入土层中，使溶液本身起化学反应，或溶液与土起化学反应，生成凝胶物质或结晶物质，将土胶结成整体，从而消除湿陷性	适用于较厚、但范围较小的黄土地基

（七）黄土病害处治案例

1. 工程概况

晋侯高速公路一期工程线路总长 66.792 km，其中属湿陷性黄土路段总长 39.101 km，占线路总长的 59%，总面积约 1.27×10^{6} m^2，湿陷厚度在 6.5～13.0 m。设计规定，填土大于 4 m 的湿陷黄土路堤及Ⅲ级自重湿陷地段，大中桥桥头 50 m、小桥桥头 30 m 范围内的路堤，原地基采用强夯处理；对于零填及填高小于 4 m 的湿陷黄土地基采用重夯处理；夯实宽度为路基坡角外 2 m 范围。汾河桥头段属冲积平原区，地表以下 30 ~ 40 m 范围为浅灰黄、黄褐、红黄的黄土，主体为硬塑状态，具有Ⅱ级自重湿陷性，湿陷厚度 7.4 ~ 13 m，局部地层呈流塑状态，桥头 200 m 范围段采用振冲碎石桩处理。部分结构物基底存在软弱下卧层，重锤夯实后无法满足承载力要求，采用高压旋喷桩或粉喷桩处理。

2. 主要处置方法

（1）灰土换填法。

靠近民房，或是有地下埋设管线且湿陷厚度较小的地段，重锤夯实对建筑物影响较大。经与设计方协商后，采用灰土换填法处治湿陷黄土，换填厚度为 2 m 左右，宽度超过路基坡角外 2 m。

（2）重锤夯实法。

重锤夯实法又称动力固结法，即用起重设备反复将 50 ~ 400 kN 的锤（最重达 2 000 kN）起吊到 5 ~ 25 m 高处（最高的达 40 m），而后自动脱钩释放载荷或带锤自由落下，其动能在土中形成强大的冲击波和高应力，从而达到提高地基的强度、降低压缩性、消除湿陷性等目的。本项目湿陷黄土处治主要采用此方法，施工中按夯击能量可分为重夯与强夯两种。

（3）高压旋喷桩施工。

本项目旋喷桩桩径 0.6 m，桩间距 1.2 ~ 1.5 m，单根桩长 5 ~ 7 m（含保护桩头 0.5 m），梅花形布置。桩体 28 天立方体设计抗压强度大于等于 5 MPa，每延米水泥用量不小于 200 kg。桩体设计抗压强度大于等于 3 MPa，每延米水泥用量不小于 120 kg。复合地基承载力要求达到 350 kPa。

（4）振冲碎石桩施工。

汾河大桥桥头段黄土覆盖层下存在可液化粉沙层，设计采用振冲碎石桩进行综合处治，要求复合地基承载力特征值达到 250 kPa 以上，桩长分 6 m、9 m、10 m、12 m 四种，桩距 2.5 m、3.0 m、3.5 m，梅花形布置。其中，桩长 9 m 分两层，原地面以下 3.6 m 桩径为 0.9 m，碎石填量为 0.8 m^3/m，地面以下 3.6 ~ 9 m 桩径为 1.1m，碎石填量为 1.2 m^3/m，其余段落桩径均为 1.1 m，碎石填量为 1.2 m^3/m。填料粒径 2 ~ 15 cm，含泥量不大于 5%。

（注：上述案例来自张国云《湿陷性黄土处治施工技术总结》，科学之友，2008 年）

三、膨胀土

膨胀土是一种黏性土，具有明显的膨胀、收缩特性，如图 4-3-5 和图 4-3-6 所示。

图 4-3-5　膨胀土（裂缝）

图 4-3-6　膨胀土地基

（一）膨胀土的特征

（1）颜色有灰白、棕、红、黄、褐及黑色。

（2）粒度成分中以黏土颗粒为主，一般在 50%以上，最少也超过 30%，粉粒其次，砂粒最少。

（3）矿物成分中黏土主要是矿物，以伊利石为主，少量以蒙脱石为主，高岭石含量较低。

（4）以片状或扁平状黏土颗粒相互聚集形成的结构基本单元体，决定着膨胀土的胀缩性及强度，微孔隙、微裂隙的普遍发育，为水分的进出迁移创造了条件。

（5）胀缩强烈，膨胀时产生膨胀压力，收缩时形成收缩裂缝，长期反复胀缩使土的强度迅速衰减，导致修建在膨胀土上的工程建筑物开裂、下沉以及失稳破坏。

（二）膨胀土的分布

我国是世界上膨胀土分布广、面积大的国家之一，在广西、云南、湖北、河南、安徽、四川、河北、山东、陕西、浙江、江苏、贵州和广东等地均有不同范围的分布。

膨胀土按其成因可分为残积-坡积、湖积、冲积-洪积和冰水沉积等四个类型，其中以残积-坡积型和湖积型者胀缩性最强。从形成年代看，一般为上更新统及其以前形成的土层。从分布的气候条件看，亚热带气候区的云南、广西等地的膨胀土与全国其他温带地区的膨胀土比较，胀缩性明显更强。

（三）膨胀土的工程性质

膨胀土的工程性质有亲水性、裂隙性、强度衰减性、超固结性、弱抗风化性等。

1. 亲水性

膨胀土的粒度成分以黏粒含量为主，黏粒粒径很小，比表面积大，在水溶液中吸引极性水分子和水中离子，呈现出强亲水性。

2. 裂隙性

膨胀土中裂隙十分发育，是区别于其他土的明显标志。膨胀土的裂隙按成因有原生和次生之别。原生裂隙多闭合，裂面光滑，常有蜡状光泽，暴露在地表后受风化影响裂面张开；次生裂隙多以风化裂隙为主，在水的淋滤作用下，裂面附近蒙脱石含量显著增高，呈白色，构成膨胀土的软弱面，这种灰白色是引起膨胀土边坡失稳滑动的主要原因。

3. 强度衰减性

天然状态下，膨胀土结构紧密、孔隙比小，干密度达 1.6 ~ 1.8 g/cm^3，塑性指数为 18 ~ 23，天然含水量与塑限比较接近，一般为 18% ~ 26%，土处于坚硬或硬塑状态，常被误认为是良好的天然地基。当膨胀土遇水浸湿后，强度很快衰减，凝聚力小于 100 kPa，内摩擦角小于 10°，有的甚至接近饱和淤泥的强度。

4. 超固结性

超固结性是指在膨胀土受到的应力史中，曾受到比现在土的上覆自重压力更大的压力，因而孔隙比小，压缩性低。但是一旦开挖，遇水膨胀，强度降低，易造成破坏。

5. 弱抗风化性

膨胀土极易产生风化破坏作用，土开挖后，在风化营力的作用下，很快会产生破裂、剥落和泥化等现象，使土的结构破坏、强度降低。

（四）膨胀土的主要工程地质问题

1. 膨胀土的地基问题

在膨胀土地区修建建筑物，其工程地质问题主要是由膨胀土的胀缩变形引起的，可导致修建在膨胀土地基上的建筑物开裂甚至破坏。例如，成都蓝光锦绣城基坑工程，由于膨胀土基坑开挖卸荷、干湿交替，膨胀土强度急剧降低，基坑边坡稳定性急剧下降，在降雨的诱发下，基坑发生剧烈变形，导致基坑坍塌，支护桩被剪断，最后采取桩后卸载、坡面封闭等措施，边坡才维持稳定。

2. 膨胀土的边坡失稳

大多数膨胀土为裂隙极为发育的裂隙黏土，土被大小不一、方向各异的裂隙所分割，特别是边坡上由于卸荷松弛裂隙更为发育。随着裂隙的发展和雨水的渗入，导致膨胀土边坡不稳定，极易发生滑坡。特别是在雨季发生滑坡处理后常常会再次发生滑坡，具有浅表层反复破坏的特点，浅表层范围一般指膨胀土滑床深度 3 ~ 5 m 和滑坡体厚 1 ~ 1.5 m 的表层。

（五）膨胀土的主要防治措施

1. 膨胀土地基问题的防治措施

（1）防水保湿。

防水保湿主要是保持地基土湿度稳定，控制胀缩变形，主要措施包括防止土中水分蒸发和地表水下渗等。例如在建筑物周围设置散水坡，设置水平和垂直隔水层；加强管道的防漏措施及热力管道隔热措施；建筑物周围合理绿化，防止植物根系吸水造成地基土不均匀变形；合理选择施工方法，基坑不宜浸泡或暴晒，及时回填夯实等。

（2）地基土改良。

地基土改良的目的是减小或消除膨胀土的胀缩性能。常采用的措施有挖土换填法，即挖除膨胀土，换填砂、砾石等；石灰加固法，将石灰水压入膨胀土，胶结土粒，提高土的强度等。

2. 膨胀土边坡问题的防治措施

（1）地表水防护。

通过设置排水天沟、平台纵向排水沟、侧沟等排水系统，截、排坡面水流，防止水流渗入或侵蚀坡面。

（2）坡面防护加固。

常用措施有植被防护和骨架防护。植被防护通过种植草皮、小乔木、灌木等，形成植物覆盖层防止地表水冲刷。骨架防护采用浆砌石方形或拱形骨架护坡，如在骨架内采用植被防护效果则更好。

（3）支挡措施。

可采用抗滑挡墙、抗滑桩、片石垛等支挡措施来防护边坡。

四、冻　土

（一）冻土的分布

冻土是指温度低于或等于 0 ℃并含有冰的各种土（见图 4-3-7、图 4-3-8）。根据冻结时间，冻土可分为多年冻土和季节性冻土。多年冻土指冻结状态持续 2 年或 2 年以上的土，季节性冻土是指随季节变化周期性冻结和融化的土。

图 4-3-7　冻土层

图 4-3-8　冻土

我国多年冻土按地区分布可分为高原冻土和高纬度冻土。高原冻土主要分布在青藏高原和西部高山地区（如天山、阿尔泰山、祁连山等）。高纬度冻土主要分布在大小兴安岭以及满洲里—牙克石—黑河一线以北地区。多年冻土存在于地表以下一定深度，地表面至多年冻土间常有季节性冻土存在。

季节性冻土主要分布在华北、西北、东北地区和西南的高海拔地区，自长江流域以北向东北、西北方向，随纬度的增加，季节性冻土的厚度越来越大，如石家庄以南厚度小于 0.5 m，北京为 1 m 左右，而辽源、海拉尔则达到了 2 ~ 3 m。

（二）多年冻土的特征

1. 组成特征

冻土由矿物颗粒、水、气体及冰四相组成。矿物颗粒是四相中的主体，其形状、大小、成分、比表面积、表面活动性等对冻土的性质有重要的影响。冻土中的冰是冻土存在的基本条件，也是冻土各种工程性质形成的基础。

2. 结构特征

冻土结构有整体结构、网状结构和层状结构三种，如图 4-3-9 所示。

（1）整体结构：是指温度降低很快，冻结时水分来不及迁移和集中，冰晶在土中分布均匀所构成的结构。

（2）网状结构：在冻结过程中，由于水分转移和集中，在土中形成网状交错冰晶，这种结构对土的原状结构有破坏。融化后土呈软塑和流塑状态，对建筑物的稳定性不利。

（3）层状结构：在冻结速度较慢的单向冻结条件下，伴随水分转移和外界水的充分补合，形成土层、冰透镜体和薄冰层相间的结构，土的原状结构被完全分割破坏。融化时产生强烈融沉。

（a）整体结构　　（b）网状结构　　（c）层状结构

图 4-3-9　多年冻土的结构类型

（三）冻土的主要工程性质

1. 冻土的冻胀和融沉特征

由于季节的冷热变化，冻土表现出反复的冻胀和融沉。冻土的冻胀和融沉特性是土的重要工程性质，分别用冻胀率 n 和融沉系数 δ 来表征冻土的冻胀性和融沉性。

冻胀率 n 是指土在冻结过程中体积的相对膨胀量，以百分数表示，即

$$n=\frac{h_1-h_2}{h_1}\times100\% \tag{4-3-3}$$

式中 h_1——土冻结前的高度（m）;

h_2——土冻结后的高度（m）。

冻土的融化下沉由两部分组成，一是温度升高引起的自身融化下沉，二是外力作用下产生的压缩变形。融沉系数 δ 为

$$\delta=\frac{m_1-m_2}{m_1}\times100\% \tag{4-3-4}$$

式中 m_1——土融化前的高度（m）;

m_2——土融化后的高度（m）。

2. 冻土的强度和变形特性

冻土的强度和变形特性可用抗压强度、抗剪强度和压缩系数来表征。由于冰的存在，冻土的力学性能随温度和加载时间而产生显著变化。当温度降低时，土中含冰量增加，未冻结水减少，冻土在短期荷载作用下，强度大大增加，却几乎没有变形。而在从长期荷载作用下，冻土的强度明显衰减，变形显著增大。

（四）冻土的主要工程地质问题

1. 冻土地基问题

冻土地区主要的地基问题包括冻胀、融沉及长期荷载作用下的流变，以及人为活动引起的热融下沉等问题。

2. 冻土道路边坡问题

在融沉性多年冻土地区开挖道路路堑，使多年冻土上限下降，由于融沉下降可能产生基地下沉、边坡滑塌，如果修筑路堤，则多年冻土上限上升，路堤内形成冻土结核，发生冻胀变形，融化后路堤外部沿冻土上限可发生局部滑塌。

3. 冻土地区不良地质现象

多年冻土地区的冰丘和冰锥与季节性冻土地区相比，规模更大，而且可能延续数年不融，对工程建筑的危害严重，应尽量绕避。

（五）冻土的主要防治措施

1. 排　水

水是造成冻土冻胀融沉的决定因素，必须严格控制土中的水分。在地面修建排水

沟、排水管，以拦截地表周围流来的水，同时汇集、排除建筑物地面和内部的水，使这些地表水不能渗入地下。在地下修建排水盲沟、渗沟等拦截从周围流入的水，降低地下水位防止地下水向地基土聚集。

2. 保　温

温度也是引起冻土工程性质变化的一个重要影响因素，应保持冻土温度的相对稳定。应用各种保温材料，防止地基土温度受外界因素、人为因素的影响，最大限度地防止冻胀融沉。例如在基坑或路堑的底部、边坡上或在填土路基的底面上铺设一定厚度的草皮、泥炭、苔藓、炉渣或黏土等，都有保温隔热的效果。近年来许多新技术也逐渐得到应用，如举世瞩目的青藏铁路，采用了片石通风路堤、热棒、遮阳板路基、通风管等技术保护多年冻土上限的相对稳定。

3. 改善土的性质

（1）换土垫层法。

采用冻胀性小的粗砂、砾石、卵石等代替天然地基的细颗粒土，是目前防治冻土病害的常用措施。一般基底砂垫层厚度 0.8 ~ 1.5 m，基侧面为 0.2 ~ 0.5 m，并在砂垫层上铺设 0.2 ~ 0.3 m 的隔水层，以防地下水渗入基底。

（2）物理化学法。

在土中加入某些物质，改变水与土粒的相互作用，使土中水的冰点降低，水分转移受到影响，从而削弱和防止土的冻胀。例如在土中加入一定量的无机盐（氯化钠、氯化钙等），使之成为人工盐渍土，从而限制了土中水分的转移，降低了冻结温度，减小了土的冻胀变形。此外，也可在土中掺入厌水性物质或表面活性剂等使土粒之间紧密结合，削弱土粒与水之间的相互作用，减弱或消除水的运动。

4. 桩基处理措施

对于重要的、规模和荷载大的工程，如果冻土深度和危害对工程建筑的影响较大，常规的工程措施不能满足工程要求时，可采用桩基直接穿透冻土层至良好的持力层上，如青藏铁路工程广泛采用了钻孔灌注桩以减小冻土对工程建筑的影响，起到了很好的效果。

五、盐渍土

（一）盐渍土的分布及分类

盐渍土是指地表 1 m 范围内易溶盐含量大于 0.3%，且具有溶陷、盐胀、腐蚀等特性的土，如图 4-3-10 所示。盐渍土是盐分在地表土层富集的结果，盐分的富集通常有以下 2 种方式：

（1）含盐分的地表水从地面蒸发，盐分逐渐在地表聚集。

（2）盐分被水带入江河、湖泊和洼地，盐分逐渐积累，含盐度增加，这种水浸入地下，再经毛细作用上升到地表，造成地表盐分富集。

（a）　　　　　　　　（b）

图 4-3-10　盐渍土

我国盐渍土按地理位置可分为内陆盐渍土、滨海盐渍土和平原盐渍土 3 种。

（1）内陆盐渍土：主要分布在年蒸发量大于降水量，地势低洼、地下水埋藏浅、排泄不畅的干旱地区和半干旱地区，如内蒙古、甘肃、青海和新疆一些内陆湖、盆地中广泛分布，尤其是青海柴达木盆地和新疆塔里木盆地其含盐量更高。

（2）滨海盐渍土：分布在沿海地带，含盐量一般为 1%～4%。在沿海地带，由于海水的浸渍或海岸的推移，经过蒸发，盐分残留在地表，形成盐渍土。

（3）平原盐渍土：主要分布在华北平原和东北平原。在平原地区河床淤积抬高或修建水库，使沿岸地下水水位升高，造成土的盐渍化。灌溉渠道附近，地下水位升高，也会造成土的盐渍化。

按易溶盐的化学成分可将盐渍土分为氯盐型、硫酸盐型和碳酸盐型盐渍土。其中，氯盐型吸水性强，含水量高时易松软、易翻浆；硫酸盐型易吸水膨胀、失水收缩，性质类似膨胀土；碳酸盐型碱性大、土颗粒结合力小、强度低。

（二）盐渍土的主要工程性质

1. 盐渍土的溶陷性

盐渍土中的可溶盐经水浸泡后溶解、流失，致使土的结构松散，在饱和土的自重压力下或一定附加压力下产生溶陷，产生较大的变形，导致建筑物损坏。

盐渍土的溶陷性可用溶陷系数来表征，用盐渍土没水后的溶陷量与土的初始高度的比值来计算溶陷变形。溶陷系数不小于 0.01 的为溶陷性盐渍土，溶陷系数小于 0.01 的称为非溶陷性盐渍土。

2. 盐渍土的盐胀性

盐渍土的盐胀作用是由过大的昼夜温差所致，多出现在地表以下不深的位置，一般为地下 0.3 m。若硫酸盐类盐渍土中 Na_2SO_4 含量较多，且温度低于 32.4℃时，会吸水成为 $Na_2SO_4 \cdot 10H_2O$ 晶体（芒硝），体积增大 3.1 倍，在反复循环作用下，土变松。例如碳酸盐类盐渍土中含有大量吸附性阳离子，遇水时与胶体颗粒作用，在胶体颗粒和黏粒周围形成结合水膜，减小了黏聚力，使其相互分离，从而引起土的盐胀。

3. 盐渍土的腐蚀性

盐渍土具有一定的腐蚀性，其腐蚀程度与盐类的成分和建筑结构所处的环境条件有关。

4. 盐渍土的吸湿性

氨盐类盐渍土中含有较多的钠离子，其水解半径大，水化膨胀力强，从而在钠离子周围形成较厚的水化薄膜，因此氯盐类盐渍土具有较强的吸湿性，一般只限于地表以下 0.1 m 的范围内。在潮湿地区，氧盐类盐渍土极易吸湿软化，土的强度降低；在干旱地区，氯盐类盐渍土容易压实。

5. 盐渍土的物理力学性质

盐渍土的液限、塑限随土中含盐量的增大而减小，当土的含水量等于其液限时，土的抗剪强度近乎等于零。因此，含盐最高的盐渍土含水量增大时强度衰减很快，当盐渍土的含盐量较高且含水量较小时，抗剪强度相对较高。

此外，盐渍土具有相对较高的结构强度，当压力小于盐渍土的结构强度时，盐渍土几乎不发生变形。但浸水后盐类等胶结物软化或溶解，变形显著增大，强度明显降低。

（三）盐渍土的主要工程地质问题

1. 盐渍土的溶陷变形

盐渍土中的可溶盐遇水浸泡后溶解，致使土的结构松散，在饱和土的自重压力下或一定附加压力下产生溶陷，产生较大的溶陷变形，溶陷变形可导致房屋、管道等产生较大的变形或不均匀变形，地基产生破坏，导致建筑物开裂和破坏。

2. 盐渍土的盐胀变形

盐渍土地基的盐胀性是指整平地面以下 2 m 深度范围内土的盐胀性，盐胀变形多发生在硫酸盐类盐渍土中，主要是硫酸钠结晶吸水后体积膨胀所造成的。由于反复的干湿循环、冷热变化，导致土吸水、失水，体积产生膨胀、收缩，引起地坪、路面、坡面、挡墙等发生变形和破坏，对工程的危害很大。

3. 盐渍土的腐蚀问题

盐渍土中含盐成分主要是硫酸盐和氯盐，中生代红层中的盐分主要是硫酸盐。盐渍土的腐蚀性主要表现为盐渍土及环境水对混凝土和金属材料的腐蚀，硫酸根离子和氯离子是主要的腐蚀离子。对混凝土而言，镁离子、氨离子、水的酸碱度等也是重要的腐蚀性因素。

（四）盐渍土的主要防治措施

1. 盐渍土的防水保水

盐渍土对水敏感，遇水后可溶盐溶解会产生较大的溶陷变形，在反复的冷热变化作用下还会产生明显的盐胀变形。因此，应结合不同工程情况采取有效的防水和保水措施，防止地表水和地下水变化对盐渍土的工程性质产生不利影响。

2. 盐渍土的填料控制

在盐渍土地区，选择盐渍土作为填料时，应控制填料的含盐量、密实度、填筑高度、毛细水等。

3. 盐渍土的地基处理

针对盐渍土地基的溶陷性、盐胀性、腐蚀性等问题，还可采取一定工程处理措施来消除和减小不利于工程性质的影响，如预溶法、换土法、强夯法、振冲法、盐化法、防腐措施等。对于溶陷性大，地基承载力要求高的软弱盐渍土地基，可采用桩基、混凝土墩、灰土墩等进行处理。

习　题

（1）下列不属于特殊土的是（　　）。

A. 红黏土　　B. 砂土　　C. 膨胀土　　D. 冻土

（2）为防止冻害，建筑的地基可采取的处理措施有（　　）。

A. 保温法　　B. 夯实法　　C. 加水法

（3）下列属于膨胀土的工程性质的有（　　）。

A. 亲水性　　B. 无层理和　　C. 具柱状节理　　D. 垂直节理

（4）冻土病害的防治措施有（　　）。

A. 压实　　B. 改善土的性质　　C. 融沉　　D. 松散土

（5）盐渍土是不同程度的（　　）统称。

A. 酸碱化土　　B. 碱化土　　C. 盐碱化土　　D. 酸化土

项目五　识读工程地质图与工程地质病害

项目概述

- 本项目包括 3 个学习任务：识读工程地质图、工程地质病害认知、工程地质病害防治。
- 要求通过学习能够掌握简单工程地质图的阅读步骤，掌握常见不良地质现象，分析常见地质灾害的成因，掌握相关工程病害的防治措施。

学习目标

项目名称	任务分解	知识点
项目五 识读工程地质图 与工程地质病害	识读工程地质图	地质图的分类和规格
		地质图的识读
	工程地质病害认知	常见工程地质病害（崩塌、滑坡、泥石流、岩溶、地震）的成因、危害、类型
	工程地质病害防治	工程地质灾害概述
		常见工程地质病害防治

任务一　识读工程地质图

【任务目标】

（1）掌握地质图的分类和规格。
（2）掌握地质图中各种符号的含义。

【任务学习引领】

（1）地质图的类型有哪些？
（2）地质图的识读步骤是什么？

【学生活动】

（1）仔细阅读任务知识点，对重要知识点（地质图的识读）做好标记。
（2）以小组为单位在网络上搜集地质图，对地质图进行识读。

【任务知识点】

一、地质图的类型和规格

地质图是指以一定的符号、颜色和花纹将某一地区各种地质体和地质现象（如各种地层、岩体、构造等的产状、分布、形成时代及相互关系）按一定比例尺综合概括地投影到地形图上的一种图件，如图 5-1-1 所示。地质图由野外地质勘探的实际资料编制而成，是地质勘测工作的主要成果之一。

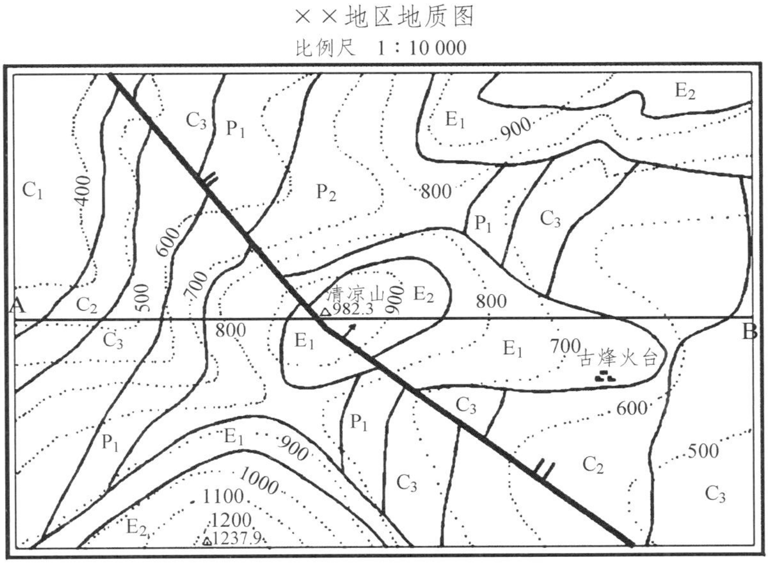

图 5-1-1 地质图

工程建设的规划、设计、施工阶段，都需要以地质勘测资料作为依据，而地质图件是可直接利用且使用方便的主要图表资料。因此，学会分析、阅读地质图件的基本方法是很重要的技能。

（一）地质图的类型

除了综合表示各基本地质现象的地质图外，根据建设项目的不同，绘制的地质图也不同，有着重表示某一方面地质现象的专门地质图件。常见的地质图有以下几种：

1. 普通地质图

普通地质图是表示某地区地形、地岩性质和地质构造条件的基本图件，是把裸露在地表不同地质时代的地层分界线和主要构造线的分布测绘在地形图上编制而成，并附以典型地质剖面图和地层柱状图。

2. 第四纪地质与地貌图

第四纪地质图是表达第四纪地质现象的各种图件的统称，用不同的颜色、花纹和符号，将一定地区第四纪沉积物的成因类型、地层与火山岩的岩性和时代，以及地质构造等现象，填绘在一定比例尺的地形图上。地貌图是显示各种地貌类型外部形态特征、成因、年代、发展过程、发展程度及相互联系的地图。

3. 水文地质图

水文地质图是反映地区水文地质资料的图件，它反映的是某地区的地下水分布、埋藏、形成、转化及其动态特征（主要表示地下水类型、产状、性质及其储量分布状况等），是某地区水文地质调查研究成果的主要表示形式。

4. 工程地质图

工程地质图按比例尺表示工程地质条件在一定区域或建筑区内的空间分布及其相互关系的图件，是结合地质工程建筑需要的指标测制或编绘的地图。工程地质图通常包括工程地质平面图、剖面图、地层柱状图和某些专门性图件，有时还有立体投影图。它以工程地质测绘所得图件为基础，并充实以必要的勘探、试验和长期观测所获得的资料编绘而成，同工程地质报告书一起作为工程地质勘查的综合性文件，是建筑物的规划、设计和施工的重要基础资料之一。

5. 地质平面图和剖面图

平面图是反应地表地质条件的图，是最基本的图件。剖面图用于配合平面图，反映一些重要部位的地质条件，它对地层层序和地质构造现象的反映比平面图更清晰、更直观。规范的地质图常附有一幅或数幅切过图区主要构造的剖面图，置于图的下方，并在地质图上标注出切图位置。剖面图所用地层符号、色谱应与地质图一致，如图 5-1-2 所示。

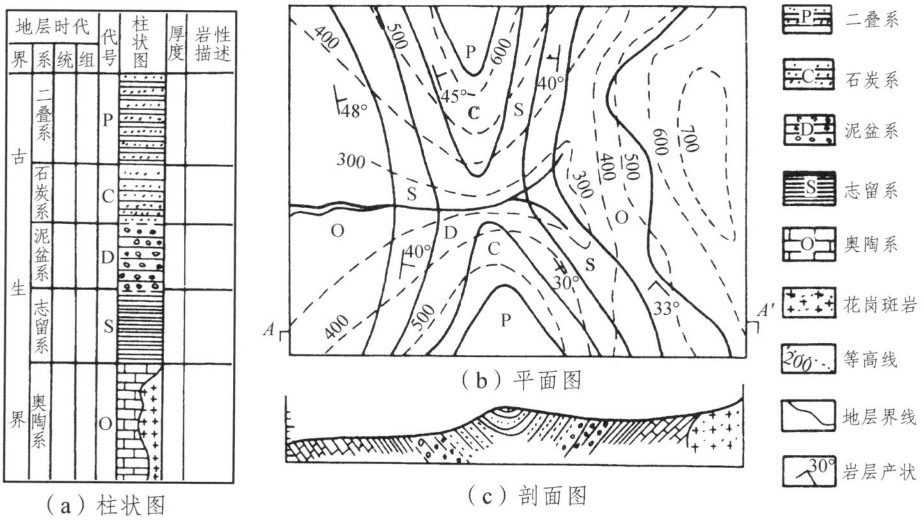

图 5-1-2　综合地质图

6. 综合地层柱状图

正式的地质图或地质报告中常附有工作区的综合地层柱状图（见图 5-1-3）。地层柱状图可以附在地质图的左边，也可以单独绘制。比例尺可根据反映地层详细程度的要求和地层总厚度而定。图名书写于图的上方，一般标示为“××地区综合地层柱状图”。

综合地层柱状图是按工作区所有涉及的地层的新老叠置关系恢复成原始水平状态切出的一个具有代表性的柱形，在柱状图中表示出各地层单位、岩性、厚度、时代和地层间的接触关系等。地层柱状图可以附在地质图的左边也可以单独成一幅图，比例尺可根据反映地层详细程度的要求和地层总厚度而定。

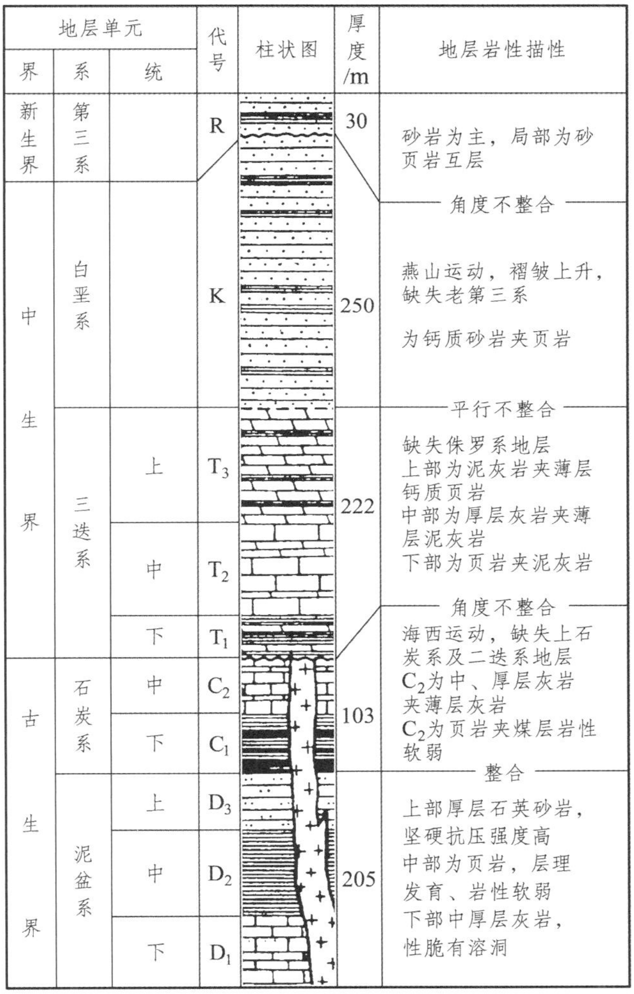

图 5-1-3　黑山寨地区综合地层柱状图

（二）地质图的规格

地质图应该有图名、比例尺、图例和责任表（包括编图单位、负责人员、编图日期及资料来源等），在图的左侧为综合地层柱状图，如图 5-1-4 所示。

××流域地质图

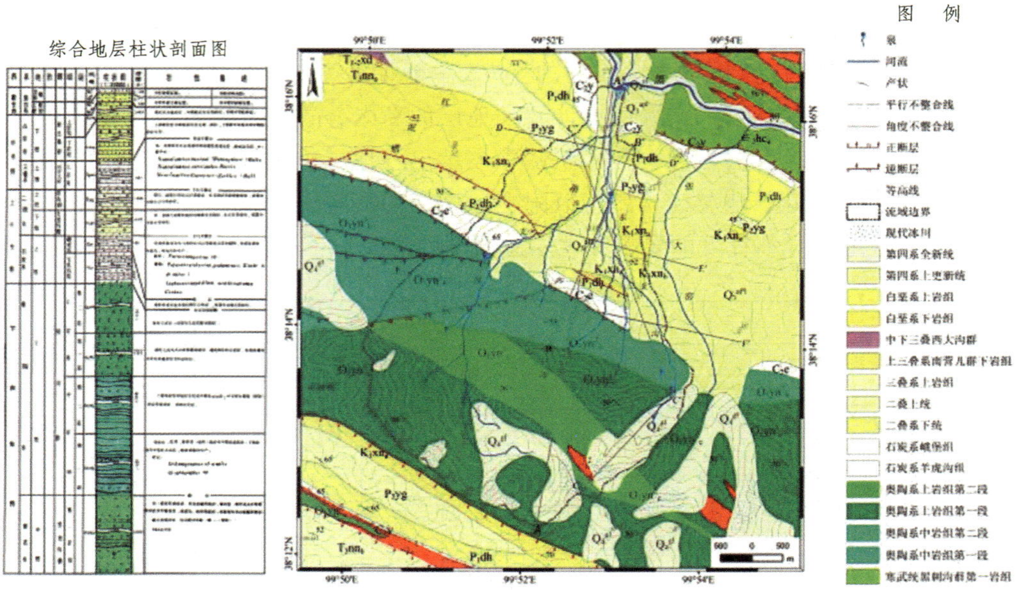

图 5-1-4　地质图

1. 图　名

图名表明图幅所在的地区和图的类型，一般以图区内的主要城镇、居民点或主要山岭、河流等命名。

2. 比例尺

比例尺是用以表明图幅反映实际地质情况的详细程度。地质图的比例尺与地形图或地图的比例尺一样，有数字比例尺和线条比例尺。比例尺一般注于图框外上方、图名之下或下方正中位置。比例尺的大小反映图的精度，比例尺越大，图的精度越高，对地质条件的反映越详细。比例尺的大小取决于地质条件的复杂程度和建筑工程的类型、规模及设计阶段。地质图根据比例尺划分为小（1∶50 万及其以下）、中（1∶25 ~ 1∶20 万）、大比例尺（1∶5 万及其以上）地质图。

3. 图　例

图例是对地质图中所用各种符号的说明，不同类型的地质图各有其表示地质内容的图例。普通地质图的图例用各种规定的颜色和符号来表明地层、岩石的时代和性质。图例通常是放在图框外的右边或下边，也可放在图框内足够安排图例的空白处。图例要按一定顺序排列，一般按地层、岩石和构造这样的顺序排列，如图 5-1-5 所示。

地层图例是从上到下、由新到老安排的，如果放在图的下方，一般是由左向右、从新到老排列。图例一般都是大小适当的长方形格子，排成整齐的行列。方格内的颜色和符号与地质图上同层位的颜色和符号相同，并在方格外适当位置注明地层时代和主要岩性。已确定时代的喷出岩、变质岩要按其时代排列在地层图例的相应位置上。

构造符号的图例放在地层、岩石图例之后，一般的排列顺序为地质界线、断层、节理等。凡图内表示出的地层、岩石、构造及其他地质现象都应有图例，断层线应用红色线表示。

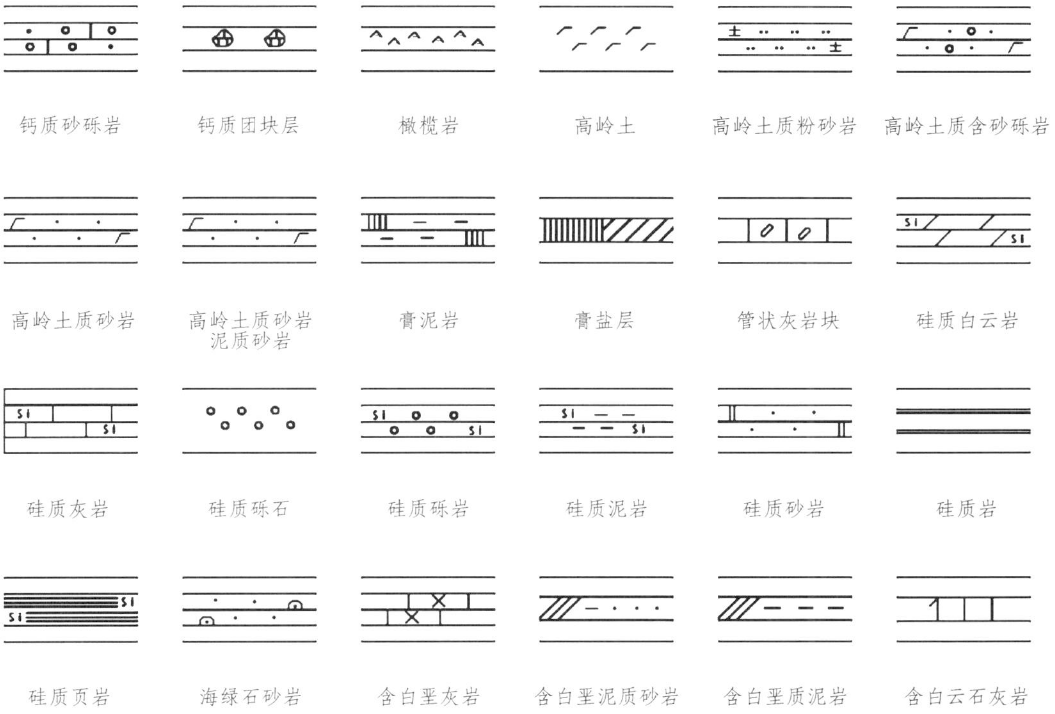

图 5-1-5　图例

4. 责任表

一般在图框外右上侧写明编图日期，左下侧注明编图单位、技术负责人及编图人；右下侧注明引用资料（如图件）的单位、编制者及编制日期，也可将上述内容列绘成“责任表”放在图框外右下方。

二、地质图的识读

（一）地质图所反映的地质条件

1. 不同产状岩层界线的分布特征

（1）水平岩层：岩层界线与地形等高线平行或重合。

（2）倾斜岩层：倾斜岩层的分界线在地质图上是一条与地形等高线相交的“V”字

形曲线。当岩层倾向与地面倾斜的方向相同时，在山脊处“V”字形的尖端指向山麓，在沟谷处“V”字形的尖端指向沟谷上游，但岩层界线的弯曲程度比地形等高线的弯曲程度要小；当岩层倾向与地形坡向一致时，若岩层倾角大于地形坡角，则岩层分界线的弯曲方向和地形等高线的弯曲方向相反，若岩层倾角小于地形坡角，则岩层分界线弯曲方向和等高线相同，但岩层界线的弯曲度大于地形等高线的弯曲度，如图 5-1-6 所示。

（3）直立岩层：岩层界线不受地形等高线影响，沿走向呈直线延伸。

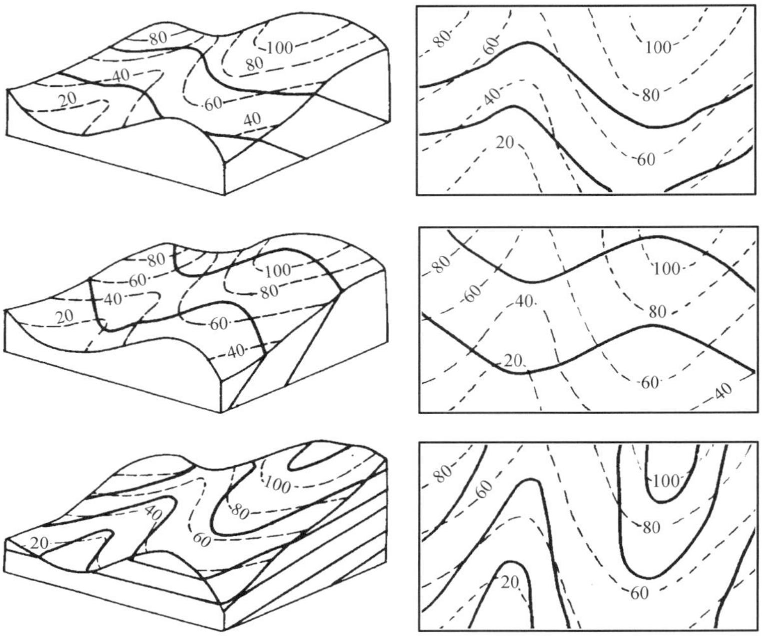

（a）立体图　　（b）平面图

图 5-1-6　倾斜岩层在地质图上的分布特征

2. 褶　皱

一般根据图例符号识别褶皱，若没有图例符号，则需根据岩层的新老对称分布关系来确定。

3. 断　层

一般情况下，根据图例符号识别断层，若无图例符号，则根据岩层分布重复、缺失、中断、宽窄变化或错动等现象识别。

4. 地层接触关系

整合和平行不整合在地质图上的表现是相邻岩层的界线弯曲特征一致，只是前者相邻岩层时代连续，而后者则不连续。角度不整合在地质图上的特征是新岩层的分界线遮断了老岩层的分界线。侵入接触使沉积岩层界线在侵入体出露处中断，但在侵入体两侧无错动，沉积接触表现出侵入体被沉积岩层覆盖中断。

（二）地质图的阅读

1. 读图步骤与要求

一幅地质图反映了该地区各方面的地质情况。在一定的地形图和地图知识的基础上，应该按照图名、比例尺和图例的顺序识读地质图，综合分析各种地质现象之间的关系及规律性。

通过图名、图幅代号、经纬度了解图幅的地理位置和图的类型。通过比例尺可以了解图上线段长度、面积大小和地质体大小及反映详略程度。图幅编绘出版年月和资料来源，便于查明工作区发展史。

在比例尺较大（如比例尺为 1∶5 000，即图上 1 cm 相当于实地距离 50 m）的地形地质图上，从等高线形态和水系可了解地形特点。在中小比例尺（1∶10 万～1∶50 万）地质图上，一般无等高线，可根据水系分布、山峰标高的分布变化，认识地形的特点。

熟悉图例是读图的基础，通过图例可以了解图示地区出露哪些岩层及其新老关系。首先要熟悉图幅所使用的各种地质符号，从图例可以了解图区出露的地层及其时代、顺序，地层间有无间断以及岩石类型、时代等。读图例时，最好与图幅地区的综合地层柱状图结合起来，了解地层时代顺序和它们之间的接触关系（整合或不整合）。有的地质平面图往往绘有等高线，可以据此分析山脉的延伸方向、分水岭所在、最高点、最低点、相对高差等。如不带等高线，可以根据水系的分布来分析地形特点，一般河流总是从地势高处流向地势低处，根据河流流向可判断出地势的高低起伏状态。

上述内容仅仅是阅读地质图的一般步骤和方法，至于如何具体分析，必须通过实践来逐步掌握。

2. 普通地质图阅读方法

【案例】以苗寨地区地质图为例，介绍阅读地质图的方法。

（1）比例尺。

如图 5-1-7 所示，该地质图比例尺为 1∶10 000，即图上 1 cm 代表实地距离 100 m。

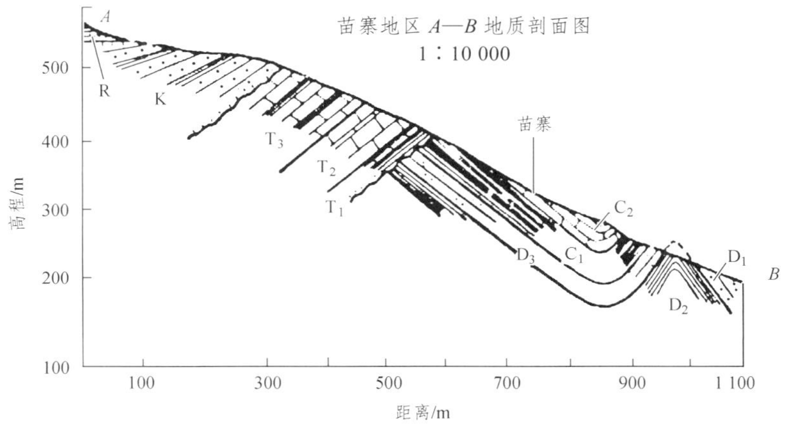

图 5-1-7　苗寨地区地质剖面图

（2）地形地貌。

如图 5-1-8 所示，本地区西北部最高，高程约为 2 265 m；东部较低，约 1 920 m；相对高差约为 345 m。东南部有一山岗，高程约为 2 200 m，顺地形坡向有两条北向沟谷。

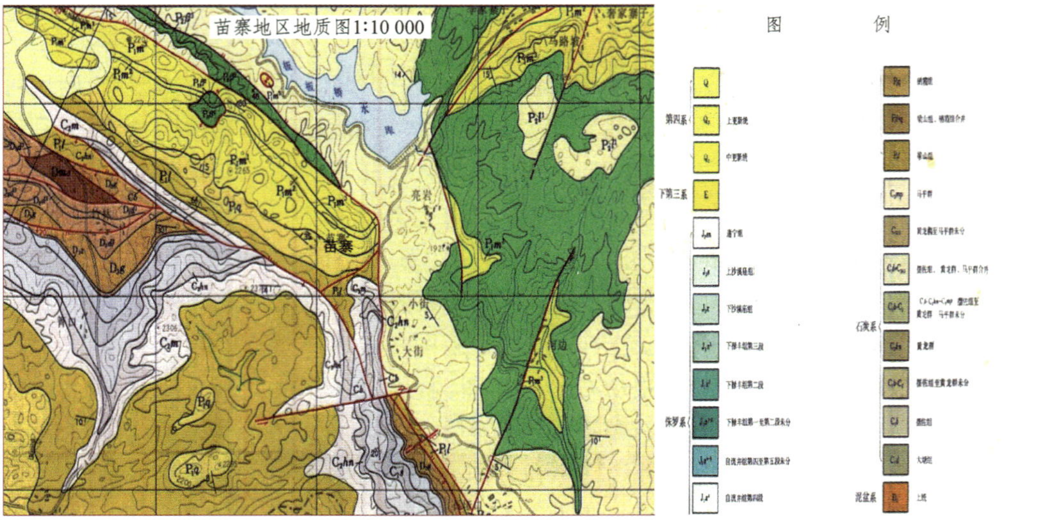

图 5-1-8　苗寨地区地质图

（3）地层岩性。

本区出露地层从老到新有：古生界下泥盆统（D_1）石灰岩、中泥盆统（D_2）页岩、上泥盆统（D_3）石英砂岩，下石炭统（C_1）页岩夹煤层、中石炭统（C_2）石灰岩；中生界下三叠统（T_1）页岩、中三叠统（T_2）石灰岩、上三叠统（T_3）泥灰岩，白垩系（K）钙质砂岩；新生界第三系（R）砂、页岩互层。古生界地层分布面积较大，中生界、新生界地层出露在北、西北部。除沉积岩层外，还有花岗岩脉侵入，出露在东北部，侵入在三叠系以前的地层中，属海西运动时期的产物。

（4）地质构造。

岩层产状：R 为水平岩层；T、K 为单斜岩层，产状 330°∠35°；D、C 地层大致近东西或北东东向延伸。

褶皱：古生界地层从 D_1 至 C_2 由北部到南部形成 3 个褶皱，依次为背斜、向斜、背斜，褶皱轴向为 NE75° ~ 80°。

东北部背斜：背斜核部较老地层为 D_1，北翼为 D_2，产状 345°∠36°；南翼由老到新为 D_2、D_3、C_1、C_2，岩层产状 165°∠36°；两翼岩层产状对称，为直立褶皱。

中部向斜：向斜核部较新地层为 C_2，北翼即上述背斜南翼。南翼出露地层为 C_1、D_3、D_2、D_1，产状 345°∠56° ~ 58°；由于两翼岩层倾角不同，因此为倾斜向斜。

南部背斜：核部为 D_1，两翼对称分布 D_2、D_3、C_1，为倾斜背斜。

这三个褶皱发生在中石炭世（C_2）之后，下三叠世（T_1）以前，因为从 D_1 至 D_2、

D_3、C_1 的地层全部经过褶皱变动，而 T_1 以后的地层没有受此褶皱影响，但 $T_1 \sim T_3$ 及 K 地层是单斜构造产状与 D_1、C 地层不同，它可能是另一个向斜或背斜的一翼，是另一次构造运动所形成，发生在 K 以后，R 以前。

断层：本区有 F_1、F_2 两条较大断层，因岩层沿走向延伸方向不连续，断层走向 345°，断层面倾角较陡，F_1：75°∠65°；F_2：225°∠65°，两断层都是横切向斜轴和背斜轴的正断层。从断层同侧向外核部 C_2 地层出露宽度分析，也可说明断层间的岩层相对下移，所以两断层的组合关系为地堑。

此外，还有 F_3、F_4 两条断层，F_3 走向 300°，F_4 走向 30°，为规模较小的平移断层。断层也形成于中石炭世（C_2）之后，下三叠世（T_1）以前，因为断层没有错断 T_1 以后的岩层。

从该区褶皱和断层分布时间和空间来分析，它们是处于同一构造应力场，受到同一构造运动所形成。压应力主要来自北北西向，因此褶皱轴向为北东东。F_1、F_2 两断层为受张应力作用形成的正断层，因此断层走向大致与压应力方向平行，而 F_3、F_4 则为剪应力所形成的扭性断层。

习 题

（1）某地质图比例为 1∶10 000，即图上 1 cm 代表实地距离（　　）。

A. 10 m　　B. 100 m　　C. 1 000 m　　D. 10 000 m

（2）一幅完整的地质图应包括（　　）。

A. 钻孔分布图、平面图和柱状图　　B. 钻孔分布图、剖面图和柱状图

C. 钻孔分布图、平面图和剖面图　　D. 平面图、剖面图和柱状图

（3）地质图是反映各种地质现象和（　　）的图件。

A. 地质条件　　B. 地质问题　　C. 地质结构　　D. 地质构造

（4）关于工程地质图描述正确的是（　　）。

A. 表示工程地质条件在一定区域或建筑区内的空间分布及其相互关系的图件

B. 表示某地区地形、地岩性质和地质构造条件的基本图件

C. 反映一些重要部位的地质条件

D. 反映的是某地区的地下水分布、埋藏、形成、转化及其动态特征

（5）常见地质图类型有几种（　　）。

A. 5　　B. 6　　C. 7　　D. 8

任务二 工程地质病害认知

【任务目标】

（1）掌握常见工程地质病害的成因。

（2）掌握常见工程地质病害的危害。

【任务学习引领】

（1）什么是崩塌和岩堆？

（2）什么是滑坡？

（3）什么是泥石流？

（4）什么是岩溶？

（5）什么是地震？

【学生活动】

（1）仔细阅读任务知识点，对重要知识点（常见工程地质病害的成因和危害）做好标记。

（2）以小组为单位在网络上搜集常见工程地质病害的相关视频，共享到班级学习群内。

【任务知识点】

一、崩塌

崩塌是指陡峻斜坡的巨大岩块，在重力作用下突然而猛烈地向下倾倒、翻滚、崩落的现象，如图 5-2-1 所示。崩塌经常发生在山区河流、沟谷的陡峻山坡上，有时也发生在高陡的路堑边坡上。规模巨大的山坡崩塌称为山崩。斜坡的表层岩石由于强烈风化，小块岩石经常性剥落现象，称为碎落。悬崖陡坡上个别较大岩块的崩落称为落石。

图 5-2-1 金沙江旁一处崩塌体

岩堆是由碎落、崩塌和落石在山坡低凹处或坡脚形成的疏松堆积体，在高山地区，岩堆常沿山坡或河谷谷坡呈条带状分布，连续长度可达数千米至数十千米。

（一）崩塌和岩堆的成因

（1）山坡坡度大于 45°可形成崩塌。

（2）节理发育的块状或层状岩石，如石灰岩、花岗岩、砂岩、页岩等，厚层硬岩覆盖在软弱岩层之上的陡壁均可形成崩塌。

（3）各种构造面，如岩层层面、断层面、错动面、节理面等，软弱夹层倾向临空面且倾角较陡时，便构成崩塌的依附面。

（4）在暴雨或久雨之后，水分沿裂隙渗入岩层，降低了岩石裂隙间的黏聚力和摩擦力，增加了岩石的重量，就促进了崩塌的产生。

（5）水流冲刷坡脚，削弱了坡体支撑能力，使山坡上部失去稳定，从而容易产生崩塌。

（6）地震会使土石松动，引起大规模的崩塌。

（7）工程活动造成的崩塌，如在山坡上部增加荷重、大爆破的震动等。

（二）崩塌发生的条件

崩塌是指陡峻斜坡上的岩、土在重力作用下，脱离母岩，突然而猛烈地由高处崩落下来，堆积在坡脚（或沟谷）的地质现象，崩塌物下坠的速度很快，一般为 5 ~ 200 m/s，有的可达自由落体的速度。

1. 坡面条件

江、河、湖（水库）、沟的岸坡及各种山坡，铁路、公路边坡等各类人工边坡都是有利崩塌产生的地貌部位，一般在陡崖临空面高度大于 30 m，坡度大于 50°的高陡斜坡、孤立山嘴或凸形陡坡及阶梯形山坡均为崩塌形成的有利地形。

2. 岩土条件

岩、土是产生崩塌的物质条件。通常岩性坚硬的岩浆岩、变质岩及沉积岩类中的石灰岩、石英砂岩等能形成规模较大的崩塌。在软硬互层的悬崖上，因差异风化硬质岩层常形成突出的悬崖，软质岩层易风化形成凹崖坡，使其上部硬质岩失去支撑而引起较大的崩塌。

3. 地质构造

各种构造面，如裂隙面、岩层层面、断层面、软弱夹层及软硬互层的坡面对坡体的切割、分离，为崩塌的形成提供脱离母体（山体）的边界条件，如图 5-2-2 所示。当其软弱结构面倾向于临空面且倾角较大时，易于发生崩塌；或者坡面上两组呈楔形相交的结构面，当其组合交线倾向临空面时，也会发生崩塌。

坡面条件、岩土条件、地质构造三个条件，又统称地质条件，它是形成崩塌的基本条件。

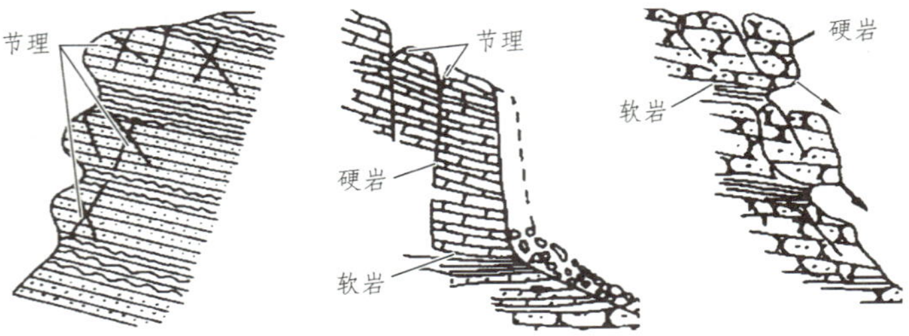

（a）斜坡各种构造面

（b）切割严重的岩石

图 5-2-2　切割严重的岩石易形成崩塌

（三）诱发崩塌的外界因素

崩塌的诱发因素如表 5-2-1 所示。

表 5-2-1　崩塌的诱发因素

诱发因素	描　述
地震	使土石松动，引起大规模的崩塌；一般烈度在七度以上的地震都会诱发大量崩塌的发生
融雪、降雨	特别是大雨、暴雨和长时间的连续降雨，使地表水渗入坡体，软化岩、土及其中软弱结构面，增加了岩石的重量，从而诱发崩塌的发生
地表水的冲刷、浸泡	河流等地表水体不断地冲刷坡脚或浸泡坡脚，削弱坡体支撑或软化岩、土降低坡体强度，也能诱发崩塌的发生
地下水	边坡和山坡中的地下水往往可以直接由大气降水补给，充满裂隙中的水及其流动，对潜在崩塌体产生静水压力和动水压力，产生向上的浮托力；岩石和充填物由于水的浸泡，抗剪强度大大降低；充满裂隙的水使不稳定岩石和稳定岩石之间的侧向摩擦力减小
风化作用	强烈的物理风化作用，如剥离、冰胀、植物根压等都能促使斜坡上岩石发生崩塌
人为因素	边坡设计过高过陡，不适宜地采用大爆破，施工程序不当等导致崩塌发生。 作为公路工程技术人员，还应注意在山区修筑公路时，如果改变了原来较稳定的斜坡外形，使斜坡变陡，当某些软弱结构面裸露或使部分被切割的岩石失去支撑时，也会引起崩塌

（四）崩塌体边界

崩塌体的边界特征决定了崩塌体的规模大小。崩塌体边界的确定主要依据坡体地质结构。

首先，应查明坡体中所发育的裂隙面、岩层面、断层面等结构面的延伸方向、倾向和倾角大小及规模、发育密度等，即构造面的发育特征。通常平行斜坡延伸方向的陡倾构造面，易构成崩塌体的后部边界。

其次，调查各种构造面的相互关系、组合形式、交切特点、贯通情况及它们能否将或已将坡体切割，并与母体（山体）分离。

最后，综合分析调查结果，那些相互交切、组合可能或已经将坡体切割与其母体分离的构造面就是崩塌体的边界面。其中，靠外侧、贯通（水平及垂直方向上）性较好的构造面所围的崩塌体的危险性最大。

例如，1980 年 6 月 3 日发生在湖北省远安县盐池河磷矿区的大型岩石崩塌体，它的边界面就是由后部垂直裂缝、底部白云岩层理面及其他两个方向的临空面组成的，如图 5-2-3 所示。

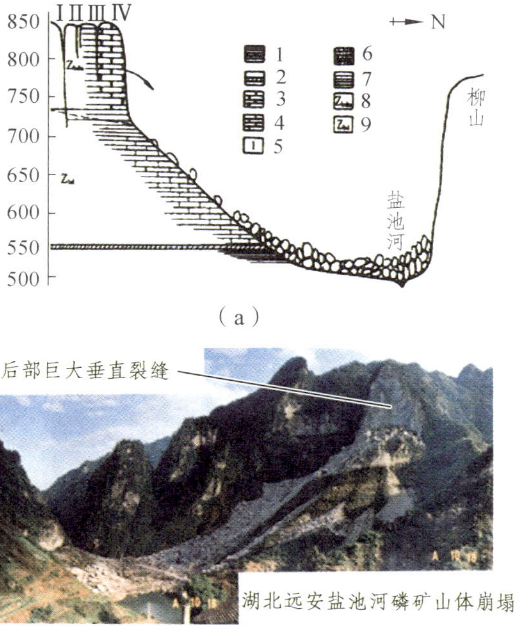

图 5-2-3　湖北远安盐池河磷矿山体崩塌

（五）崩塌和岩堆的危害

崩塌是山区常见的地质灾害之一。崩塌现象一般是急剧、短促、猛烈和突发性的，因而常具有灾难性的后果，如图 5-2-4 所示。规模小的崩塌崩落的土石方仅有数立方米到数十立方米，大者可达数百、数千直至数万立方米，崩落土石体达到数十万、上千万甚至更多。山体大崩塌多和地震相关联，发生的次数也极为有限。大型山崩如果发生在江河岸坡，有时会堵塞河道，形成堰塞湖，一旦堵塞体溃决便会造成重大灾难。

(a)

(b)

(c)

(d)

图 5-2-4 崩塌的危害

崩塌对山区公路及道路的安全营运危害很大，也是交通线路上常见的病害之一。在施工中由于崩塌的发生，可造成严重的人身安全事故。在运营线上产生的崩塌、落石，严重威胁行车安全，大型的崩塌还会中断交通运输，给国民经济造成巨大损失。

二、滑 坡

斜坡上岩石或土在重力作用下沿一定的滑动面（或滑动带）整体地向下滑动的现象叫滑坡，俗称“走山”“垮山”“地滑”，如图 5-2-5 所示。

图 5-2-5 滑坡

（一）滑坡的成因

滑坡的形成过程一般可分为以下 4 个阶段：

（1）蠕动变形阶段或滑坡孕育阶段：斜坡上部分岩（土）体在重力的长期作用下发生缓慢、匀速、持续的微量变形，并伴有局部拉张成剪切破坏，地表可见后缘出现拉裂缝并加宽加深，两侧翼出现断续剪切裂缝。

（2）急剧变形阶段：随着断续破裂（坏）面的发展和相互连通，岩（土）体的强度不断降低，岩（土）体变形速率不断加大，后缘拉裂面不断加深和展宽，前缘隆起，有时伴有鼓胀裂缝，变形量也急剧加大。

（3）滑动阶段：当滑动面完全贯通，阻滑力显著降低，滑动面以上的岩（土）体沿滑动面滑出。

（4）逐渐稳定阶段：随着滑动能量的耗失，滑动速度逐渐降低，直至最后停止滑动，达到新的平衡。

以上 4 个阶段是一个滑坡发展的典型过程（见图 5-2-6），实际发生的滑坡中，4 个阶段并不总是十分完备和典型。由于岩（土）体和滑动面的性质、促滑力的大小、运动方式、滑移体所具有的位能大小等不同，滑坡各阶段的表现形式及过程长短也有很大的差异。

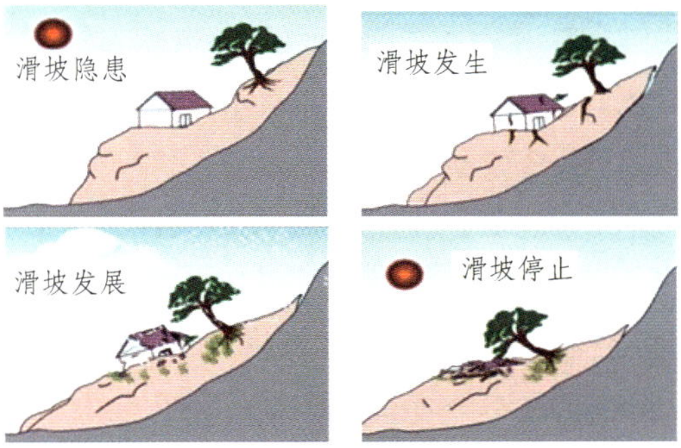

图 5-2-6　滑坡形成过程

（二）滑坡形成的条件

滑坡的发生，是斜坡岩土平衡条件遭到破坏的结果，其形成条件如表 5-2-2 所示。

表 5-2-2　滑坡的形成条件

形成条件	岩土体	黏土：颗粒细而均匀，地表裂隙发育，遇水后呈软塑或流动状态，抗剪强度急剧降低
		黄土：遇水不稳定，垂直节理发育，具湿陷性
		堆积层：坡积、洪积及其他重力堆积层中，产生往往与水有关，滑坡面一般是基岩顶面
		岩石：软质岩石（页岩、泥岩）、软硬相间岩层或浅变质岩（千枚岩、片岩）地区

续表

形成条件	地质构造	结构面形成滑动面。滑动面常发生在顺坡的层面、大节理面、不整合面、断层面（带）等软弱结构面上，因其抗剪强度较低，当斜坡受力情况突然改变时，都可能成为滑动面。 结构面为降雨等进入斜坡提供了通道，当平行和垂直斜坡的陡倾构造面及顺坡缓倾的构造面发育时，易发生滑坡	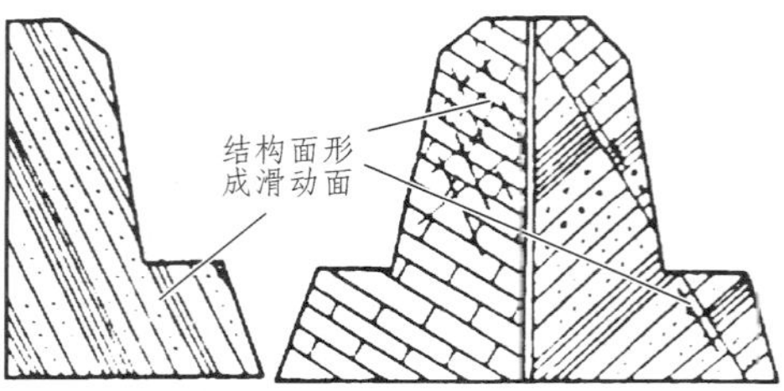
	地形地貌	具备临空面和滑动面，多在丘陵、山坡和河谷地貌发生	

（三）滑坡的诱发因素

1. 强度因素

滑坡的活动强度，主要与滑坡的规模、滑移速度、滑移距离及其蓄积的位能和产生的功能有关。通常滑坡体的位置越高、体积越大、移动速度越快、移动距离越远，则滑坡的活动强度也就越高，危害程度也就越大。具体讲来，影响滑坡活动强度的因素有以下几方面：

（1）地形：坡度、高差越大，滑坡位能越大，所形成滑坡的滑速越高。斜坡前方地形的开阔程度，对滑移距离的大小有很大影响。地形越开阔，则滑移距离越大。

（2）岩性：组成滑坡体的岩、土的力学强度越高、越完整，则滑坡往往就越少。构成滑坡滑面的岩、土性质，直接影响着滑速的高低，通常滑坡面的力学强度越低，滑坡体的滑速也就越高。

（3）地质构造：切割、分离坡体的地质构造越发育，形成滑坡的规模往往也就越大越多。

（4）诱发因素：诱发滑坡活动的外界因素越强，滑坡的活动强度则越大，如强烈地震、特大暴雨所诱发的滑坡多为大的高速滑坡。

2. 人为因素

违反自然规律、破坏斜坡稳定条件的人类活动都会诱发滑坡。

（1）开挖坡脚：修建铁路、公路、依山建房、建厂等工程，常常因使坡体下部失去支撑而发生下滑。例如我国西南、西北的一些铁路、公路因修建时大力爆破、强行开挖，事后陆陆续续地在边坡上发生了滑坡，给道路施工、运营带来危害。

（2）蓄水、排水：水渠和水池的漫溢和渗漏，工业生产用水和废水的排放、农业灌溉等，均易使水流渗入坡体，加大孔隙水压力，软化岩土，增大坡体容重，从而促使或诱发滑坡的发生。水库的水位上下急剧变动，加大了坡体的动水压力，也可使斜坡和岸坡诱发滑坡发生。尤其是厂矿废渣的不合理堆弃，常常触发滑坡的发生。

此外，劈山开矿的爆破作用，可使斜坡的岩、土受震动而破碎产生滑坡；在山坡上乱砍滥伐，使坡体失去保护，便有利于雨水等水体的入渗从而诱发滑坡。如果上述的人类作用与不利的自然作用互相结合，则就更容易促进滑坡的发生。

（四）滑坡的形态

发育完整的滑坡，一般都有滑坡体、滑动面、滑坡后壁、滑坡台阶、滑坡舌、滑坡裂隙等部分组成，如图 5-2-7a 所示。

1. 滑坡体

滑坡体指滑坡的整个滑动部分，即依附于滑动面向下滑动的岩土，简称滑体。滑体的规模大小不一，大者达几亿立方米到十几亿立方米，如图 5-2-7b 所示。

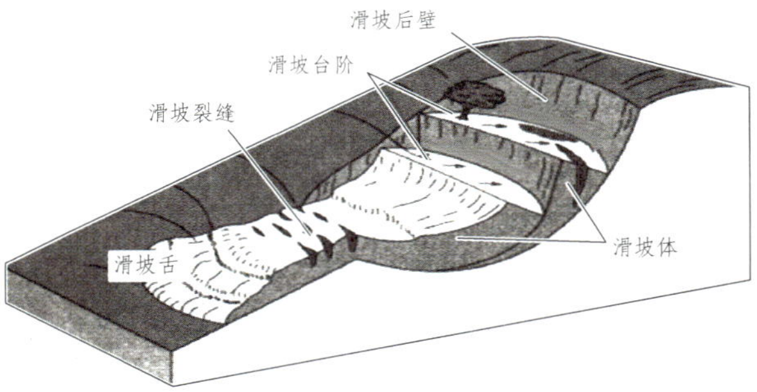

（a）滑坡的要素

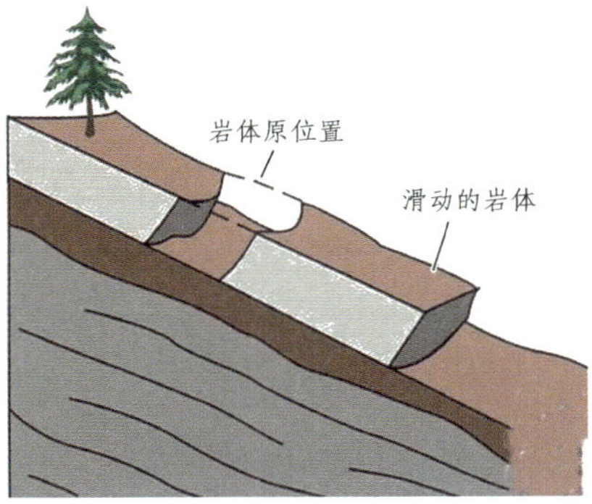

（b）滑坡体

图 5-2-7　滑坡的形态

2. 滑动面

滑动面指滑坡体沿下伏不动的岩、土下滑的分界面，简称滑面，如图 5-2-8a 所示。

3. 滑坡后壁

滑坡后壁指滑坡发生后，滑坡体后缘和斜坡未动部分脱开的陡壁称为滑坡后壁，有时可见擦痕，以此识别滑动方向，如图 5-2-8b 所示。滑坡后壁在平面上多呈圈椅状，后壁高度自几厘米到几十米不等，陡坡一般为 60°～80°。

4. 滑坡台阶

滑坡台阶指滑体滑动时各段土滑动速度的差异，在滑坡体表面形成台阶状的错台，如图 5-2-8c 所示。

5. 滑坡舌

滑坡舌指滑坡体前缘形如舌状的凸出部分，舌上常发育有因受阻力而隆起的小丘，如图 5-2-8d 所示。

6. 滑坡裂隙

滑坡裂隙是由于土各部分移动的速度不等，在其内部及表面所形成的一系列裂隙。位于滑体上（后）部多呈弧形展布的称拉张裂隙；位于滑体中部两侧又常伴有羽毛状排列的裂隙称剪切裂隙；滑坡体前部因滑动受阻而隆起形成的张性裂隙称鼓张裂隙；位于滑坡体中前部，尤其滑舌部呈放射状展布的称扇状裂隙。

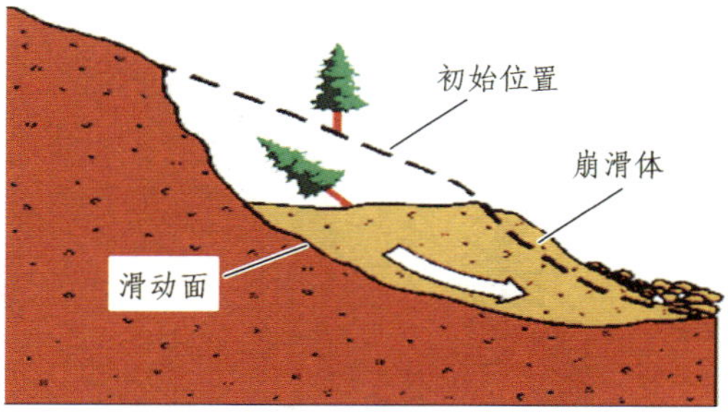

（a）滑动面

（b）滑坡后壁

（c）滑坡台阶

（d）滑坡舌和滑坡裂缝

图 5-2-8　滑坡要素

（五）滑坡的类型

按照滑坡体的物质组成、滑坡体厚度、滑动面与层面关系、力学条件、滑坡体的规模可划分出如表 5-2-3 所示类型。

表 5-2-3 滑坡分类

分类依据	分类名称	特征	典型实例
滑坡体的物质组成	黄土滑坡	河谷两岸高阶地的前缘斜坡上，成群出现，且大多为中、深层滑坡，一般滑动速度很快，破坏力强，是崩塌性滑坡，黄土高原普遍发育	1983 年 3 月 7 日，甘肃东乡洒勒山滑坡，数十秒就使 3 个村庄荡然无存，死亡 237 人，伤 22 人，压死牲畜无数。滑下土体近 4 亿立方米，一水库被填，三千亩农田被毁 
	黏土滑坡	久雨后发生，多为中、浅层滑坡，分布于云贵高原、四川东部、广西及鄂西、湘西等地	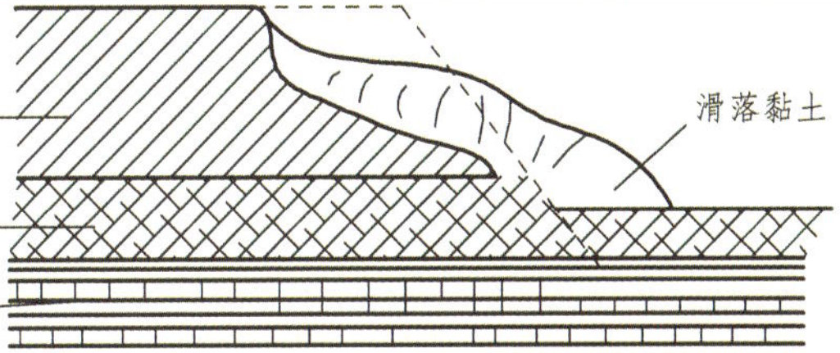
滑动面与层面关系	堆积层滑坡	发生于斜坡或坡脚处的堆积体中，物质成分多为崩积、坡积土及碎块石，滑坡结构以土石混杂为主，多出现在河谷缓坡地带，规模有大有小	1985 年 6 月 12 日发生于湖北秭归长江边，滑体约 2 千万立方米，为一巨型堆积层滑坡，对岸涌浪高达 54 米 

续表

分类依据	分类名称	特　征	典型实例
滑动面与层面关系	岩层滑坡	顺层滑坡：发育在软弱岩层或具有软弱夹层的岩层中，滑动面为岩层的层面	意大利瓦仪昂特水库，库容10亿立方米，坝高267米，是当时世界上最高的双曲拱坝。1963年10月19日，2.6亿立方米的石灰岩以20米每秒以上的速度滑入水库，涌浪高250米，库水泻向下游，摧毁了5个村庄，造成3千人死亡
		切层滑坡：发育在硬质岩层的陡倾面或结构面上	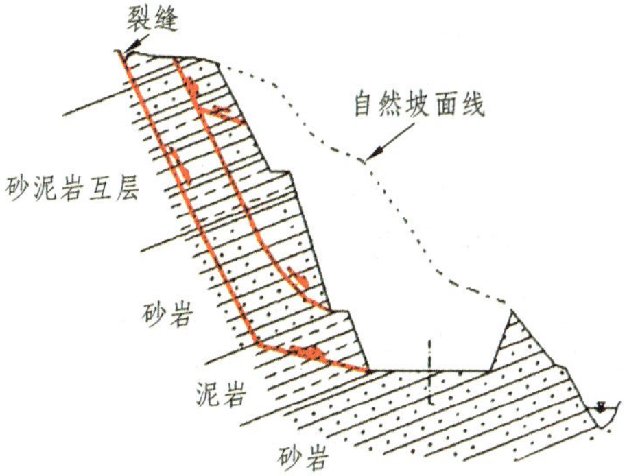
力学条件	牵引式滑坡	由于斜坡坡脚处任意挖方、切坡或流水冲刷，下部失去原有岩土的支撑而丧失其平衡引起的滑坡	
	推移式滑坡	由于斜坡上方产生不恰当的荷载（修建建筑物、填方、堆放重物等）使上部先滑动，挤压下部，因而使斜坡丧失平衡引起的滑坡	
滑体厚度	浅层滑坡	滑体厚度小于6米	
	中层滑坡	滑体厚度为6～20米	
	深层滑坡	滑体厚度大于20米	
滑坡体的规模	小型滑坡	滑坡体积小于3万立方米	
	中型滑坡	滑坡体积为3～50万立方米	
	大型滑坡	滑坡体积为50～300万立方米	
	巨型滑坡	滑坡体积大于300万立方米	

（六）滑坡的危害

滑坡常常给工农业生产以及人民生命财产造成巨大损失，有的甚至是毁灭性的灾难。位于城镇的滑坡常常砸埋房屋，伤亡人畜，毁坏田地，摧毁工厂、学校、机关单位等，并毁坏各种设施，造成停电、停水、停工，有时甚至毁灭整个城镇。

发生在工矿区的滑坡，可摧毁矿山设施，造成职工伤亡，毁坏厂房，使矿山停工停产，常常造成重大损失。

滑坡是山区交通线路、水库和城市建设中经常碰到的工程地质问题，由此造成的损失和危害巨大。大规模的滑坡，可以堵塞河道、摧毁公路、破坏厂矿、掩埋村庄，对山区建设和交通设施危害很大。西南地区（云、贵、川、藏）是我国滑坡分布的主要地区，不仅滑坡的规模大、类型多，而且分布广泛，发生频繁，危害严重。在云南省几乎每条公路上都有不同规模的滑坡发生。贵州的炉榕公路，四川的川藏公路、成阿公路、巴峨公路等均遭受过滑坡的严重危害。又如某铁路桥，当桥的墩台竣工后，由于两侧岸坡发生滑动，架梁时发现各墩均有不同程度的垂直和水平位移，墩身混凝土开裂，经整治无效，被迫放弃另建新桥。贵昆铁路某隧道出口段，由于开挖引起了滑坡，推移和挤裂了已建成的隧道，经整治才趋于稳定。这些实例，充分说明了滑坡对工程建设危害的严重性。

三、泥石流

泥石流是指在山区或者其他沟谷深壑、地形险峻的地区，因为暴雨、暴雪或其他自然灾害引发的山体滑坡并携带有大量泥沙以及石块的特殊洪流。泥石流具有突然性、流速快、流量大、物质容量大和破坏力强等特点。发生泥石流常常会冲毁公路铁路等交通设施甚至破坏村镇，造成巨大损失。

（一）泥石流形成的基本条件

泥石流的形成必须同时具备以下三个条件：陡峻的便于集水、集物的地形地貌；丰富的松散物质；短时间内有大量的水源。

1. 地形地貌条件

泥石流发生的地区在地形上具备山高沟深、地势陡峻、沟床纵坡降大、流域形态有利于汇集周围山坡上的水流和固体物质。在地貌上，易发生泥石流的地貌一般可分为形成区、流通区和堆积区三部分。上游形成区的地形多为三面环山、一面出口的瓢状或漏斗状，山体破碎、植被生长不良，这样的地形有利于水和碎屑物质的集中；中游流通区的地形多为狭窄陡深的峡谷，谷床纵坡降大，使上游汇集到此的泥石流形成迅猛直泻之势；下游堆积区为地势开阔平坦的山前平原成河谷阶地，使倾泻下来的泥石流到此堆积起来，如图 5-2-9 所示。

图 5-2-9 **典型的泥石流沟**

2. 松散物质条件

泥石流常发生于地质构造复杂、断裂褶皱发育、新构造活动强烈、地震烈度较高的地区。地表岩层破碎，滑坡、崩塌、错落等不良地质现象发育，为泥石流的形成提供了丰富的固体物质来源。另外，岩层结构疏松软弱、易于风化、节理发育，或软硬相间成层地区，因易受破坏，也能为泥石流提供丰富的碎屑物来源。

3. 水文气象条件

水既是泥石流的重要组成部分，又是泥石流的重要激发条件和搬运介质（动力来源）。泥石流的水源有强度较大的暴雨、冰川积雪的强烈消融和水库突然溃决等。

（二）泥石流的诱发因素

乱垦滥伐会使植被消失、山坡失去保护、土体疏松、冲沟发育，大大加重水土流失，进而破坏山坡稳定性，滑坡、崩塌等不良地质现象发育，结果就很容易产生泥石流，甚至那些已退缩的泥石流又有重新发展的可能。修建铁路、公路、水渠以及其他建筑时的不合理开挖，不合理的弃土、弃渣、采石等也可能形成泥石流。

（三）泥石流的类型

根据不同的分类方法，泥石流可以分为不同的类型，如表 5-2-4 所示。

表 5-2-4　泥石流的分类表

分类依据	类　型	特　点	典型照片
物质成分	泥石流	由大量黏性土和粒径不等的砂粒、石块组成，西藏波密、四川西昌、云南东川和甘肃武都等地区的泥石流均属于这种类型	
	泥流	以黏性土为主，含少量砂粒、石块，黏度大，呈稠泥状，这种泥流主要分布在我国西北黄土高原地区	
	水石流	由水和大小不等的砂粒、石块组成，是石灰岩、大理岩、白云岩和玄武岩分布地区常见的类型，如华山、太行山、北京西山等地区有分布	
物质状态	黏性泥石流	含大量黏性土，黏性大，密度高，有阵流现象。固体物质占 40%～60%，最高达 80%。水不是搬运介质而是组成物质，稠度大，石块呈悬浮状态，爆发突然，持续时间短，破坏力大	
	稀性泥石流	水为主要成分，黏土、粉土含量一般小于 5%，固体物质占 10%～40%，有很大的分散性。搬运介质为稀泥浆，砂粒、石块以滚动或跃移方式前进，具有强烈的下切作用，其堆积物在堆积区呈扇状散流，停积后似“石海”	
泥石流沟的状态	山坡型	沟小流短，沟坡与山坡基本一致，没有明显的流通区，形成区直接与堆积区相连。沉积物棱角尖锐、明显。冲击力大，淤积速度较快，规模较小	

续表

分类依据	类　型	特　点	典型照片
泥石流沟的状态	河谷型	流域呈狭长形，形成区分散在河谷的中上游。沿河谷既有堆积，也有冲刷。沉积物棱角不明显。破坏力较强，周期较长，规模较大	

（四）泥石流的危害

泥石流的主要危害是冲毁城镇、工厂、矿山、乡村，造成人畜伤亡，破坏房屋及其他工程设施，破坏农作物、林木及耕地。此外，泥石流有时也会淤塞河道，不但阻断航运，还可能引起水灾。影响泥石流强度的因素较多，如泥石流的容量、流速、流量等，其中泥石流流量对泥石流成灾程度的影响最为主要。此外，多种人为活动也在多方面加剧上述因素的作用，促进泥石流的形成。

泥石流经常发生在峡谷地区和地震多发区，在暴雨期具有群发性。它是一股泥石洪流，瞬间爆发，是山区最严重的自然灾害，如图 5-2-10 所示。

（a）　（b）

（c）　（d）

图 5-2-10　泥石流的危害

四、岩　溶

岩溶是水对可溶性岩石（碳酸盐岩、石膏、岩盐等）进行以化学溶蚀作用为主，流水的冲蚀、潜蚀和崩塌等机械作用为辅的地质作用，以及由这些作用所产生的现象的总称，如图 5-2-11 所示。

岩溶地貌的形成是石灰岩地区地下水长期溶蚀的结果。石灰岩的主要成分是碳酸钙，在有水和二氧化碳时发生化学反应生成碳酸氢钙，后者可溶于水，于是空洞形成并逐步扩大。这种现象在南欧亚德利亚海岸的喀斯特高原上最为典型，所以常把石灰岩地区的这种地形笼统地称为喀斯特地貌。

中国喀斯特地貌分布广、面积大，其中在桂、黔、滇、川东、川南、鄂西、湘西、粤北等地连片分布的就达 5.5×10^5 km^2，尤以桂林山水、路南石林闻名于世。

（a）

（b）

图 5-2-11　岩溶

（一）岩溶形成的基本条件

1. 可溶性岩石的存在

可溶性岩石是岩溶形成的物质基础，如图 5-2-12 所示。可溶性岩石有碳酸盐类岩石（石灰岩、白云岩、泥灰岩等）、硫酸盐类岩石（石膏、硬石膏和芒硝等）、卤盐类岩石（钾、钠、镁盐岩石等）3 类。从溶解度上看，卤化盐岩＞硫酸盐岩＞碳酸盐岩；由于碳酸盐岩种类较多，其各类岩石的溶解度由难溶性杂质的多少而定，通常石灰岩＞白云岩＞泥灰岩。

图 5-2-12　岩溶形成条件

2. 岩石的透水性

岩石具有一定的孔隙和裂隙，它们是流动水下渗的主要渠道。岩石裂隙越大，岩石的透水性越强，岩溶作用越显著。在溶洞中，岩溶作用越强烈，溶洞越大，地下管道越多，喀斯特地貌发育越完整，并且形成一个不断扩大的循环网。

3. 有溶解能力的水活动

水的溶解能力随着水中侵蚀性二氧化碳含量的增加而加强。水中的二氧化碳主要来自大气流动、有机物在水中的腐蚀和矿物风化。流动的水溶蚀性更强烈，因为水中的二氧化碳需要得到及时的补充，水的溶蚀作用才能顺利进行，水的溶蚀能力才得以巩固和加强。同时，流动的水带动河底砂砾对岩石进行机械侵蚀，这样更有利于岩溶作用的深入。

（二）影响岩溶发育的因素

影响岩溶发育的因素如表 5-2-5 所示。

表 5-2-5　影响岩溶发育的因素

影响因素	发育情况
气候	温暖、潮湿时岩溶发育；寒冷干燥时岩溶不发育
岩性及产状	岩性越纯，岩溶越发育；不同岩层接触时，隔水层上方岩溶发育；陡倾、直立岩层，顺岩层面岩溶发育
地质构造	背斜轴部拉张节理发育，岩溶发育；背斜轴部节理发育并汇水，岩溶发育；正断层破碎带及影响带岩溶发育；逆断层主动盘破碎带岩溶发育
地壳运动	稳定时期，水平溶洞发育；抬升时期，垂直落水洞发育

（三）岩溶地貌类型

喀斯特地貌在碳酸盐岩地层分布区最为发育，常见的地表喀斯特地貌有石芽、石林、峰林等喀斯特正地形，还有溶沟、落水洞、盲谷、干谷、喀斯特洼地（包括漏斗、喀斯特盆地）等喀斯特负地形，如图 5-2-13 所示。地下喀斯特地貌有溶洞、地下河、地下湖、竖井、天生桥等，如表 5-2-6 所示。

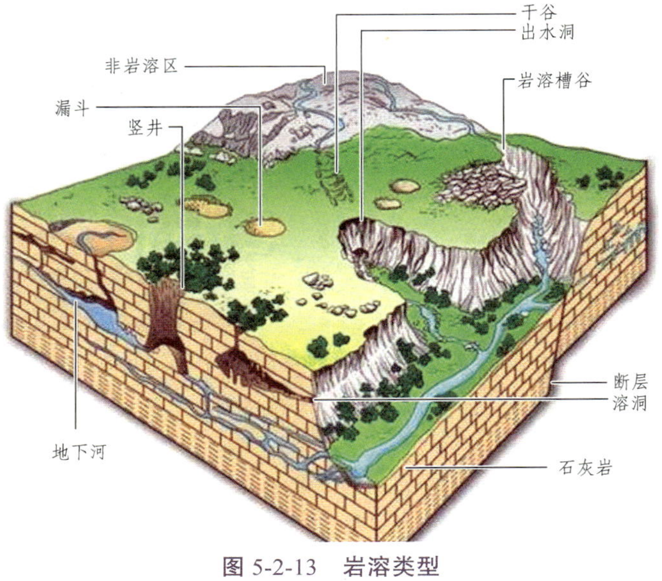

图 5-2-13　岩溶类型

表 5-2-6　岩溶地貌类型

岩溶地貌类型	形成过程	图　例
石芽和溶沟	水沿可溶性岩石的节理、裂隙进行溶蚀和冲蚀所形成的沟槽间突起与沟槽形态，浅者为溶沟，深者为溶槽，沟槽间的突起称石芽。其底部往往被土及碎石所充填。在质纯层厚的石灰岩地区，可形成巨大的貌似林立的石芽，称为石林，如云南路南石林，最高可达 50 m	
溶蚀漏斗	地面凹地汇集雨水，沿节理垂直下渗，并溶蚀扩展成漏斗状的洼地。其直径一般几米至几十米，底部常有落水洞与地下溶洞相通	
溶蚀洼地	岩溶作用形成的小型封闭洼地。它的周围常分布陡峭的峰林，面积一般只有几平方千米到几十平方千米，底部有残积-坡积物，且高低不平，常附生着漏斗	
天生桥	近地表的溶洞或暗河顶板塌陷，有时残留一段为塌陷洞顶，形成横跨水流，呈桥状形态，因此称为天生桥	
干谷和盲谷	喀斯特区地表水因渗漏或地壳抬升，使原河谷干涸无水而变为干谷。干谷底部较平坦，常覆盖有松散堆积物，漏斗、落水洞成群地作串球状分布。盲谷是一端封闭的河谷，河流前端常遇石灰岩陡壁阻挡，石灰岩陡壁下常发育落水洞，使地表水流转为地下暗河。这种向前没有通路的河谷称为盲谷，又称断尾河	

续表

岩溶地貌类型	形成过程	图例
溶洞	溶洞的形成是石灰岩地区地下水长期溶蚀的结果。在洞内常发育有石笋、石钟乳和石柱等洞穴堆积。洞中这些碳酸钙沉积琳琅满目，形态万千，一些著名的溶洞，如北京房山区云水洞、桂林七星岩和芦笛岩等，均为游览胜地	
暗河	暗河是岩溶地区地下水汇集、排泄的主要通道，其中一部分暗河常与干谷伴随存在，通过干谷底部一系列的漏斗、落水洞，使两者相连通，可大致判明地下暗河的流向	
落水洞	流水沿裂隙进行溶蚀、机械侵蚀以及塌陷形成的近于垂直的洞穴。它是地表水流入喀斯特含水层和地下河的主要通道，其形态不一，深度可达十几米到几十米，甚至达百余米。落水洞进一步向下发育，形成井壁很陡、近于垂直的井状管道，称为竖井，又称天然井	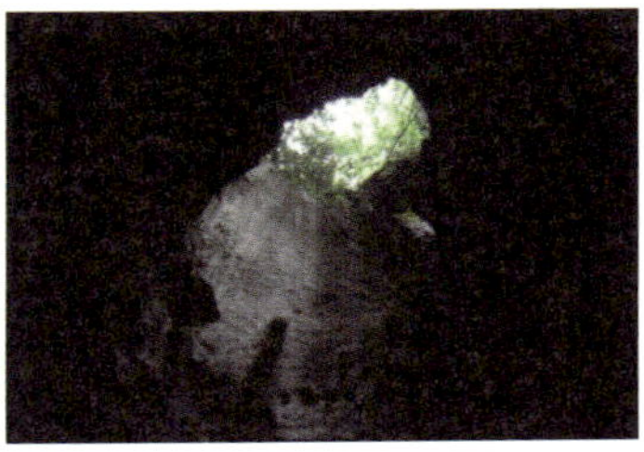

（四）岩溶的危害

岩溶地区有许多不利于生产的因素，需要克服和预防，也有大量有利于生产的因素可以开发利用。在水库大坝选址时应尽量避免断层、破碎带、喀斯特地貌等。喀斯特矿泉、温泉富含有益元素和气体，有医疗价值。喀斯特洞穴和古喀斯特面上各种沉积矿产较为丰富，古喀斯特潜山是良好的储油气构造。

岩溶地区的奇峰异洞、明暗相间的河流、清澈的喀斯特泉等，是很好的旅游资源。例如湖南张家界桑植县的九天洞已列入洞穴学会会员洞，黄龙洞被列为世界自然遗产、世界地质公园、首批国家5A级旅游区，作为张家界武陵源的组成部分，是张家界地下喀斯特的地形代表，其中喀斯特地貌约占全市面积的百分之四十。此外，广西的桂林山水、云南的路南石林等驰名中外。喀斯特地貌由于其独特的地貌特征，经常容易“产出”类型各异的风景区，例如贵州的龙宫、织金洞等。

由于地上地下的岩溶形态复杂多变，给公路测设定位带来相当大的困难。对于现有的公路，会因地下水的涌出、地面水的消水洞被阻塞而导致路基水毁，或因溶洞的坍顶而引起地面路基坍陷下沉或开裂。但有时可利用某些形态，如利用“天生桥”跨越河道、沟谷、洼地，利用暗河、溶洞以扩建隧道。因此，在岩溶区修建公路，应认真勘察岩溶发育的程度和岩溶形态的空间分布规律，以便充分利用某些可利用的岩溶形态，避让或防治岩溶病害对路线布局和路基稳定造成的不良影响。

五、地　震

地震是一种地球内部应力突然释放的表现形式，如图 5-2-14 所示。它是现今正在进行的地壳运动激发的表现，同台风、暴雨、洪水、雷电一样是一种自然现象，但地震是自然灾害之首恶。地球上每天都在发生地震，全世界每年大约发生 500 万次地震，绝大多数地震因震级小，人感觉不到，其中有感地震约 5 万多次，但是造成严重灾害损失的仅有 10 次左右。 一次强烈地震会造成种种灾害，一般将其分为直接的灾害和次生的灾害。直接灾害是指地震发生时直接造成的灾害损失，强烈地震产生的巨大震波，造成房屋、桥梁、水坝等各种建筑物崩塌，人畜伤亡，财产损失，生产中断，这种损失在大城市、大工矿等人口集中、建筑物密集的地区尤为突出。

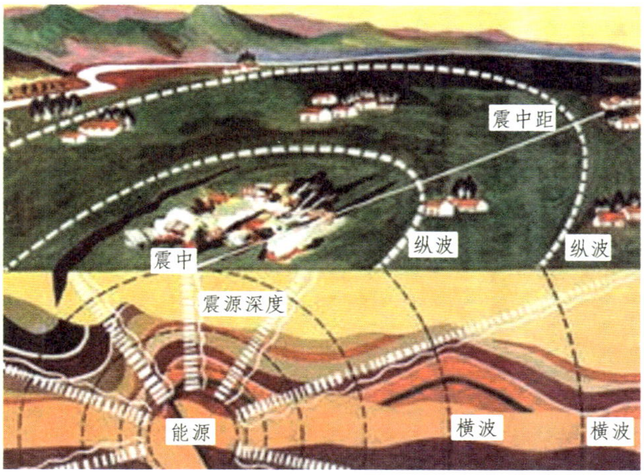

图 5-2-14　地震示意图

（一）地震的成因类型

地震按成因不同，一般可分为人工地震和天然地震两大类。由人类活动（如开山、开矿、爆破等）引起的称人工地震，除此之外统称为天然地震。

1. 构造地震

地球在不停地运动变化，内部产生巨大的作用力称为地应力。在地应力长期缓慢的积累和作用下，地壳的岩层发生弯曲变形，当地应力超过岩石本身能承受的强度时，岩层产生断裂错动，其巨大的能量突然释放，迅速传到地面，这就是构造地震，如图 5-2-15a 所示。世界上 90%以上的地震，都属于构造地震。强烈的构造地震破坏力很大是人类预防地震灾害的主要对象。

2. 火山地震

由于火山活动时岩浆喷发冲击或热力作用而引起的地震叫火山地震，如图 5-2-15b 所示。这种地震的震级一般较小，造成的破坏也很少，数量只占地震总数的 7%左右。

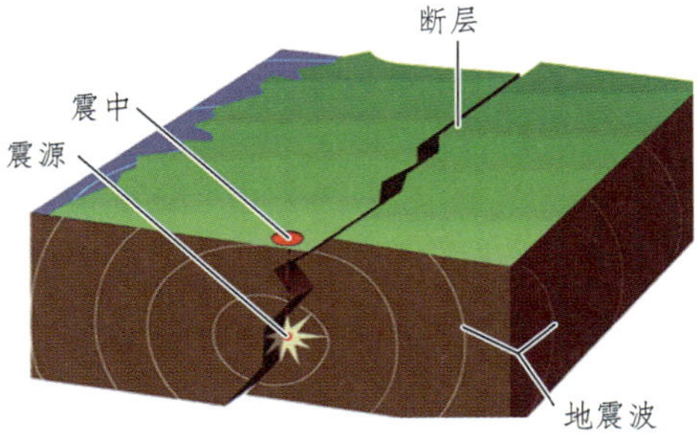

（a）构造地震示意图

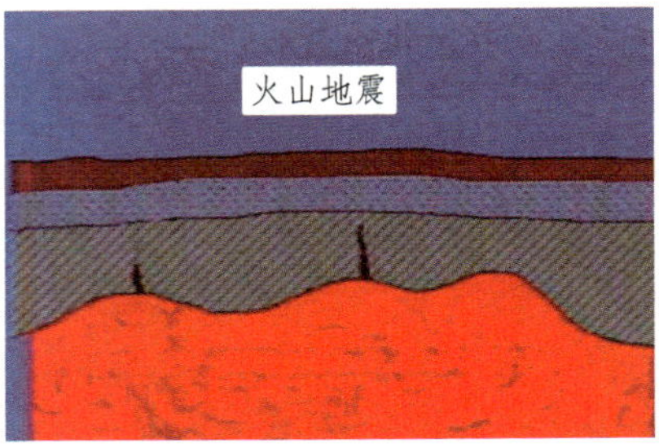

（b）火山地震示意图

图 5-2-15　地震的成因类型

3. 陷落地震

由于地下水溶解了可溶性岩石，使岩石中出现空洞并逐渐扩大或由于地下开采形成了巨大的空洞，造成岩石顶部和土层崩塌陷落，引起地震，称为陷落地震，这类地震约占地震总数的 3%左右，震级都很小。

4. 诱发地震（人工地震）

在特定的地区因某种地壳外界因素诱发引起的地震，叫诱发地震，也叫人工地震。例如水库蓄水、地下核爆炸、油井灌水、深井注液、采矿等也可诱发地震，其中最常见的是水库地震，也是当前要严加关注的地震灾害之一。

（二）震级和烈度

地震发生后，必须首先定出衡量地震强度大小和地表破坏轻重程度的标准，这些标准就是地震震级和地震烈度。

1. 震　级

地震的震级是表示地震强度大小的度量，它与地震所释放的能量有关。震级是根据地震仪记录到的最大振幅，并考虑到地震波随着距离和深度的衰减情况而得来的。一次地震只有一个震级，小于 3 级的地震，人不易感觉到，只有仪器才能记录到，称为“微震”，3～5 级地震称“小震”，5～7 级地震称“中震”，建筑物有不同程度的破坏，7 级以上的地震称为“大震”，会在大范围内造成极其严重的破坏。迄今记录到的地球上的最大地震为 1960 年 5 月 22 日的智利 8.9 级特大地震。震级每相差一级，其能量相差 30 多倍。可见，地震越大，震级越高，释放的能量越多。

2. 烈　度

通常把地震对某一地区的地面和各种建筑物遭受地震影响的强烈程度叫地震烈度。烈度根据受震物体的反应、房屋建筑物破坏程度和地形地貌改观等宏观现象来判定。地震烈度的大小与地震大小、震源深浅、离震中远近、当地工程地质条件等因素有关。因此，一次地震震级只有一个，但烈度却是因各地遭受破坏的程度和人为感觉的不同而不同。一般来说，烈度大小与距震中的远近成反比，震中距越小，烈度越大，反之烈度越小。我国地震烈度采用 12 度划分法。

（三）我国的地震分布

我国的地震活动主要分布在 5 个地区：台湾地区及其附近海域；西南地区，包括西藏、四川中西部和云南中西部；西部地区，主要在甘肃河西走廊、青海、宁夏以及新疆天山南北麓；华北地区，主要在太行山两侧、汾渭河谷、阴山—燕山一带、山东中部和渤海湾；东南沿海地区，广东、福建等地。

从宁夏经甘肃东部、四川中西部直至云南，有一条纵贯中国大陆、大致呈南北走向的地震密集带，历史上曾多次发生强烈地震，被称为中国南北地震带。2008 年 5 月 12 日汶川 8.0 级地震就发生在该带中南段。该地震带向北可延伸至蒙古境内，向南可到缅甸。

根据地质力学的观点，中国大致可分为 20 个地震带，即台湾带、海原—松潘—雅安带、河西走廊带、炉霍—乾宁带、天山带、闽粤沿海带、山西带、马边—巧家—通海带、花石峡带、哀牢山带、东北深震带、渭河平原带、冕宁—西昌—鱼鲊带、拉萨—察隅带、兰州—天水带、营口—郯城—庐江带、银川带、腾冲—澜沧带、西藏西部带、河北平原带。

（四）地震的危害

大地震动是地震最直观、最普遍的表现。在海底或滨海地区发生的强烈地震，能引起巨大的波浪，称为海啸。在大陆地区发生的强烈地震，会引发滑坡、崩塌、地裂缝等次生灾害。

地震直接灾害是地震的原生现象（见图 5-2-16），如地震断层错动，以及地震波引起地面振动，所造成的灾害，主要有地面的破坏、建筑物与构筑物的破坏、山体等自然物的破坏（如滑坡、泥石流等）、海啸、地光烧伤等。

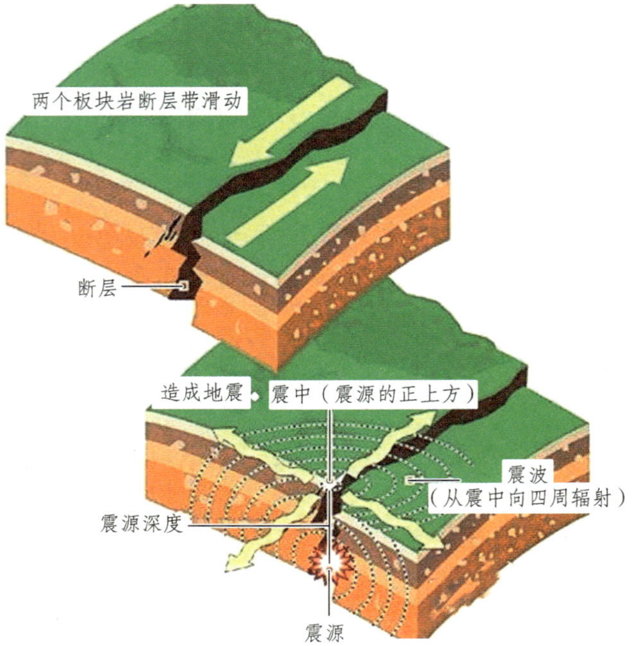

图 5-2-16 地震示意图

地震时，最基本的现象是地面的连续振动，主要特征是明显的晃动。极震区的人在感到大的晃动之前，有时首先感到上下跳动，因为地震波从地球内部向地面传来，纵波首先到达。横波接着产生大振幅的水平方向的晃动，是造成地震灾害的主要原因。1960 年智利大地震时，最大的晃动持续了 3 分钟。

地震造成的灾害首先是破坏房屋和构筑物，造成人畜的伤亡，如 1976 年中国河北唐山地震中，70%～80%的建筑物倒塌，人员伤亡惨重。

地震对自然界景观也有很大影响，最主要的后果是地面出现断层和地裂缝。大地震的地表断层常绵延几十至几百千米，往往具有较明显的垂直错距和水平错距，能反映出震源处的构造变动特征（如浓尾大地震、旧金山大地震）。但并不是所有的地表断裂都直接与震源的运动相联系，它们也可能是由于地震波造成的次生影响。特别是地表沉积层较厚的地区，坡地边缘、河岸和道路两旁常出现地裂缝，这往往是由于地形因素，在一侧没有依托的条件下晃动使表土松垮和崩裂。地震的晃动使表土下沉，浅层的地下水受挤压会沿地裂缝上升至地表，形成喷沙冒水现象。大地震能使局部地形改变，或隆起或沉降，使城乡道路断裂、铁轨扭曲、桥梁折断。在现代化城市中，由于地下管道破裂和电缆被切断造成停水、停电和通信受阻。煤气、有毒气体和放射性物质泄漏可导致火灾和毒物、放射性污染等次生灾害。在山区，地震还能引起山崩和滑坡，常造成掩埋村镇的惨剧。崩塌的山石堵塞江河，在上游形成地震湖。1923 年日本关东大地震时，神奈川县发生泥石流，顺山谷下滑，远达 5 千米。地震的危害如图 5-2-17 所示。

（a）地震引起建筑物倒塌

（b）地震引起地裂缝

图 5-2-17　地震的危害

习　题

（1）斜坡上的大量岩土在重力作用下，突然脱离坡体崩落的现象叫作（　　）。

A. 剥落　　B. 落石　　C. 崩塌　　D. 滑坡

（2）崩塌主要发育在（　　）。

A. 软弱岩区　　B. 节理不发育边坡

C. 节理发育的坚硬岩区　　D. 平缓山坡

（3）滑坡体后缘与不滑动部分断开处形成的陡壁叫作（　　）。

A. 滑坡壁　　B. 滑动面　　C. 主裂缝　　D. 滑坡

（4）泥石流按流态特征可分为（　　）和黏性泥石流。

A. 泥流　　B. 水石流　　C. 稀性泥石流　　D. 坡面型泥石流

（5）岩溶发育的规律主要受到地质构造地壳运动和（　　）的影响。

A. 岩层产状　　B. 地下水中 CO_2 含量

C. 节理发育　　D. 岩石性质

任务三　工程地质病害防治

【任务目标】

掌握常见工程地质病害防治措施。

【任务学习引领】

（1）地质灾害分类有哪些？

（2）地质灾害有几种分级？

（3）常见工程地质灾害的防治措施包括什么？

【学生活动】

（1）仔细阅读任务知识点，对重要知识点（工程地质病害防治措施）做好标记。

（2）以小组为单位比较崩塌与滑坡地质灾害的防治措施，以 PPT 形式在课堂上展示。

【任务知识点】

一、地质灾害概述

地质灾害是指在地球的发展演化过程中，由各种地质作用形成的灾害性地质事件。地质灾害在时间和空间上的分布变化规律，既受制于自然环境，又与人类活动有关，往往是人类与自然界相互作用的结果。例如崩塌、滑坡、泥石流、地裂缝、地面沉降、地面塌陷、岩爆、坑道突水、突泥、突瓦斯、煤层自燃、黄土湿陷、岩土膨胀、砂土液化、土地冻融、水土流失、土地沙漠化及沼泽化等。根据《地质灾害防治条例》（国务院令第 394 号）规定，地质灾害为包括自然因素或者人为活动引发的危害人民生命和财产安全的山体崩塌、滑坡、泥石流、地面塌陷、地裂缝、地面沉降等与地质作用有关的灾害。

（一）地质灾害的分类和分级

1. 地质灾害的分类

地质灾害的分类，有不同的角度与标准，十分复杂。就其成因而论，主要由自然变异导致的地质灾害称自然地质灾害，主要由人为作用诱发的地质灾害则称人为地质灾害。就地质环境或地质体变化的速度而言，可分为突发性地质灾害与缓变性地质灾害两大类。前者如崩塌、滑坡、泥石流、地面塌陷、地裂缝，即习惯上的狭义地质灾害；后者如水土流失、土地沙漠化等，又称环境地质灾害。根据地质灾害发生区的地理或地貌特征，可分为山地地质灾害（如崩塌、滑坡、泥石流等）和平原地质灾害（如地质沉降等）。

2. 地质灾害的分级

地质灾害按危害程度和规模大小可分为特大型、大型、中型、小型地质灾害险情和灾害灾情四级。

（1）特大型地质灾害险情和灾害灾情。

特大型地质灾害险情：受灾害威胁，需搬迁转移人数在 1 000 人以上或潜在可能造成的经济损失 1 亿元以上的地质灾害险情。

特大型地质灾害灾情：因灾死亡 30 人以上或因灾造成直接经济损失 1000 万元以上的地质灾害灾情。

（2）大型地质灾害险情和灾害灾情。

大型地质灾害险情：受灾害威胁，需搬迁转移人数在 500 人以上、1 000 人以下，或潜在经济损失 5 000 万元以上、1 亿元以下的地质灾害险情。

大型地质灾害灾情：因灾死亡 10 人以上、30 人以下，或因灾造成直接经济损失 500 万元以上、1 000 万元以下的地质灾害灾情。

（3）中型地质灾害险情和灾害灾情。

中型地质灾害险情：受灾害威胁，需搬迁转移人数在 100 人以上、500 人以下，或潜在经济损失 500 万元以上、5 000 万元以下的地质灾害险情。

中型地质灾害灾情：因灾死亡 3 人以上、10 人以下，或因灾造成直接经济损失 100 万元以上、500 万元以下的地质灾害灾情。

（4）小型地质灾害险情和灾害灾情。

小型地质灾害险情：受灾害威胁，需搬迁转移人数在 100 以下，或潜在经济损失 500 万元以下的地质灾害险情。

小型地质灾害灾情：因灾死亡 3 人以下，或因灾造成直接经济损失 100 万元以下的地质灾害灾情。

（二）地质灾害的成因分析

地质灾害都是在一定的动力诱发（破坏）下发生的，诱发动力有的是天然的，有的是人为的。据此，地质灾害也可按动力成因概分为自然地质灾害和人为地质灾害两大类。自然地质灾害发生的地点、规模和频度受自然地质条件控制，不以人类历史的发展为转移；人为地质灾害受人类工程开发活动制约，常随社会经济发展而日益增多。

诱发地质灾害的因素主要有以下四个方面：

（1）采掘矿产资源不规范，预留矿柱少，造成采空坍塌、山体开裂，继而发生滑坡。

（2）开挖边坡，指修建公路、依山建房等建设中，形成人工高陡边坡，造成滑坡。

（3）山区水库与渠道渗漏，增加了浸润和软化作用导致滑坡泥石流发生。

（4）其他破坏土质环境的活动如采石放炮、堆填加载、乱砍滥伐，也是导致发生地质灾害的因素。

二、常见地质灾害防治

（一）崩塌防治

防治崩塌灾害的基本途径是提高易崩塌岩石的稳定程度，防止或削弱崩塌活动，保护受灾对象，避免或减轻灾害损失。

1. 防治原则

由于崩塌发生得突然而猛烈，治理比较困难而且十分复杂，所以一般应采取以防为主的原则。

在选线时，应根据斜坡的具体条件，认真分析发生崩塌的可能性及其规模。对有可能发生大、中型崩塌的地段，应尽量避开。若完全避开有困难，可调整路线位置，离开崩塌影响范围一定距离，尽量减少防治工程，或考虑其他通过方案（如隧道、明洞等），确保行车安全。对可能发生小型崩塌或落石的地段，应视地形条件，进行经济比较，确定绕避还是设置防护工程。

在设计和施工中，避免使用不合理的高陡边坡，避免大挖大切，以维持山体平衡稳定。在岩石松散或构造破碎地段，不宜使用大爆破施工，避免因工程技术上的失误而引起崩塌。

2. 防治方法

（1）掌握崩塌活动分布规律，居民点和重要工程设施要尽可能避开崩塌危险区及可能的危害区。

（2）加强对危岩体的监测、预测、预报工作，临崩前及时疏散人员和重要财产。

（3）实施必要的工程措施，加固斜坡或防护受威胁的工程设施。

3. 防治措施

（1）排水。

在有水活动的地段布置排水构筑物，以进行拦截疏导，防止水流渗入岩土而加剧斜坡的失稳。排除地面水可修建截水沟、排水沟；排除地下水，可修建纵、横盲沟等，如图 5-3-1 所示。

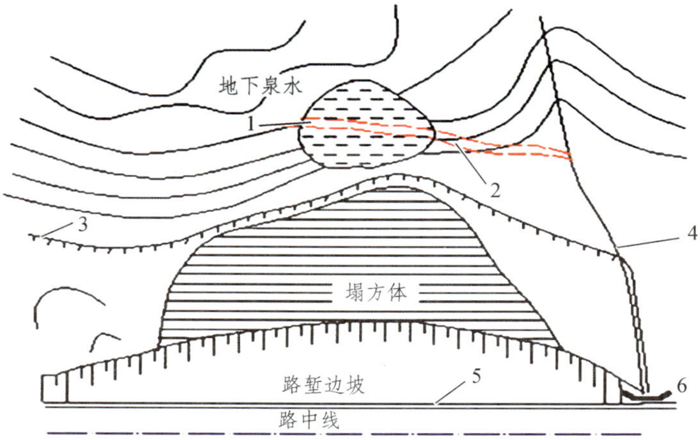

1—渗沟；2—排水沟；3—截水沟；4—自然沟；5—边沟；6—涵洞。

图 5-3-1　边坡塌方路段综合排水示意图

（2）刷坡清除。

山坡或边坡坡面崩塌岩块的体积及数量不大，岩石的破碎程度不严重，可采用全部清除并放缓边坡。若斜坡上有较大的危石一并清除，如图 5-3-2 所示。

（a）刷坡　　（b）清除危岩

图 5-3-2　刷坡清除

（3）坡面加固。

边坡或自然坡面比较平整、岩石表面风化易形成小块岩石呈零星坠落时，宜进行灌浆、勾缝等坡面防护，以阻止风化发展，防止零星坠落。易引起崩塌的高边坡，宜采用边坡加固工程，必要地段修建挡墙、边坡锚杆、多级护墙和护面，如图 5-3-3 所示。

图 5-3-3　公路坡面喷锚支护

（4）拦截防御。

岩体严重破碎，经常发生落石路段，宜采用柔性防护系统或拦石墙与落石槽等拦截构造物，如图 5-3-4 所示。拦石墙与落石槽宜配合使用，设置位置可根据地形合理布置，落石槽的槽深和底宽通过现场调查或试验确定。拦石墙墙背应设缓冲层，并按公路挡土墙设计，墙背压力应考虑崩塌冲击荷载的影响。

（a）拦石网

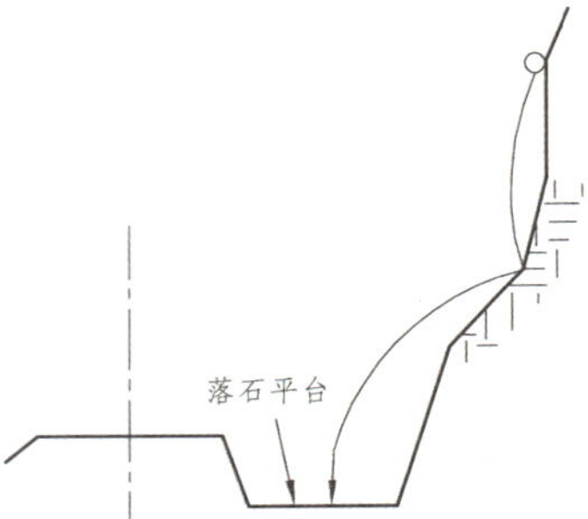

（b）落石平台（槽）

图 5-3-4　拦截防御

（5）支顶工程。

对在边坡上局部悬空的岩石，但是岩体仍较完整，有可能成为危岩石，可视具体情况采用钢筋混凝土立柱、浆砌片石支顶、支撑等支挡结构物加固，如图 5-3-5 所示。

（a）

（b）

图 5-3-5　危岩支顶

（6）遮挡工程。

当崩塌体较大、发生频繁且距离路线较近而设拦截构造物有困难时，可采用明洞、棚洞等遮挡构造物处理，如图 5-3-6 所示。

（a）明洞

（b）棚洞

图 5-3-6　防落石的明洞和棚洞

（二）滑坡防治

滑坡防治是指在无法绕避滑坡地段或斜坡不稳定地段进行工程建设时所采取的防治措施。根据边坡岩体特征，采取相应措施防止边坡失稳，以保证生产和人员的安全。露天矿采场边坡局部区段的失稳是在所难免的，因此在露天矿开采设计中，滑坡防治应列入边坡设计的内容，在生产中还应采取滑坡预防和滑坡治理的有效防治措施。

1. 防治原则

滑坡的防治，贯彻“以防为主，整治为辅”的原则。在选择防治措施前一定要查清滑坡的地形、地质和水文地质条件，认真研究和确定滑坡的性质及其所处的发展阶段，了解产生滑坡的原因，结合工程建筑的重要程度、施工条件及其他情况进行综合考虑，如图 5-3-7 所示。

（1）由于大型滑坡的整治工程量大，技术上也很复杂。因此，在测设时应尽可能采用绕避方案。若建成后路基不稳定，是治理还是绕避需要周密分析其经济和安全两方面的得失。

（2）对于中、小型滑坡的地段，一般情况下不必绕避，但是应注意调整路线平面位置以求得工程量小、施工方便、经济合理的路线方案。

（3）路线通过古滑坡时，应对滑坡体的结构、性质、规模、成因等作详细勘察后，再对路线的平、纵、横做出合理布设，对施工中开挖、切坡、弃方、填土等都要作通盘考虑，稍有不慎即可能引起滑坡的复活。

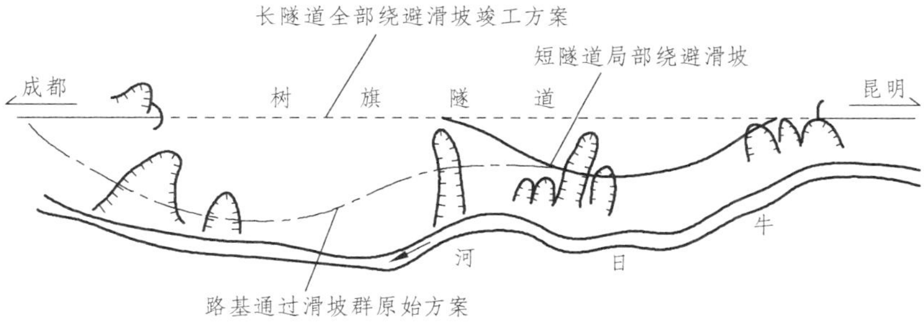

图 5-3-7　路基通过滑坡群方案

2. 防治措施

整治滑坡的工程措施很多，归纳起来分为三类：一是消除或减轻水的危害；二是改变滑坡体外形、设置抗滑建筑物；三是改善滑动带土石性质，如表 5-3-1 所示。

表 5-3-1　滑坡的防治措施

序　号	种　类	措　施	适用条件
1	排水	地表排水	地表径流较大的滑坡区
		地下排水	地下水比较发育的滑坡区
		冲刷防护	沿河滑坡区

续表

序号	种类	措施	适用条件
2	减重和反压	减重	推移式滑坡
		反压	牵引式滑坡
3	支挡工程	抗滑桩	深层滑坡和各类非塑性流滑坡
		抗滑挡墙	滑坡中、下部有稳定的岩土锁口
		锚（杆）索挡墙	规模较大的非岩质滑坡体
4	改善土石性质	焙烧法	含水量较大的土体滑坡
		浆砌护坡	地表径流较大的滑坡区
		化学加固	土体滑坡

（1）排水。

① 地表排水。

排除地表水是整治滑坡中不可缺少的辅助措施，而且应是首先采取并长期运用的措施。其目的在于拦截、旁引滑坡外的地表水，避免地表水流入滑坡区；或将滑坡范围内的雨水及泉水尽快排除，阻止雨水、泉水进入滑坡体内。主要工程措施有：在滑坡体周围修截水沟；滑坡体上设置干枝排水系统汇集旁引坡面径流于滑坡体外排出，整平地表，填塞裂缝和夯实松动地面，构筑隔渗层，减少地表水下渗并使其尽快汇入排水沟内，防止沟渠渗漏和溢流于沟外。滑坡路段综合排水如图 5-3-8 所示。

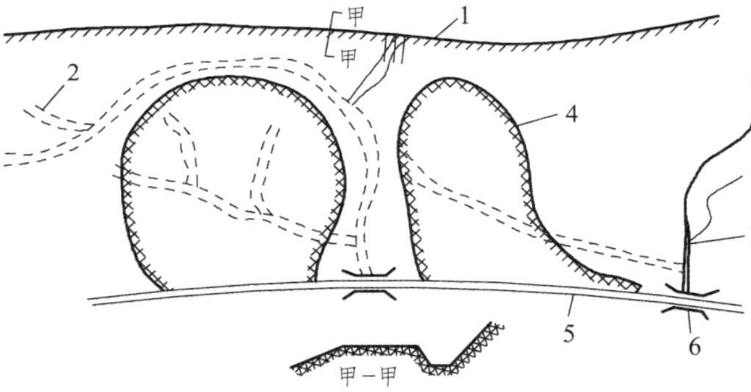

1—截水沟；2—排水沟；3—自然沟；4—滑坡土边界；5—路线；6—涵洞。

图 5-3-8 滑坡路段综合排水示意图

② 地下排水。

对于地下水，可疏而不可堵。其主要工程措施有：截水盲沟用于拦截和旁引滑坡外围的地下水；支撑盲沟兼具排水和支撑作用；仰斜孔群用近于水平的钻孔把地下水引出。此外，还有盲洞、渗管、渗井、垂直钻孔等排除滑体内地下水的工程措施，如图 5-3-9 所示。

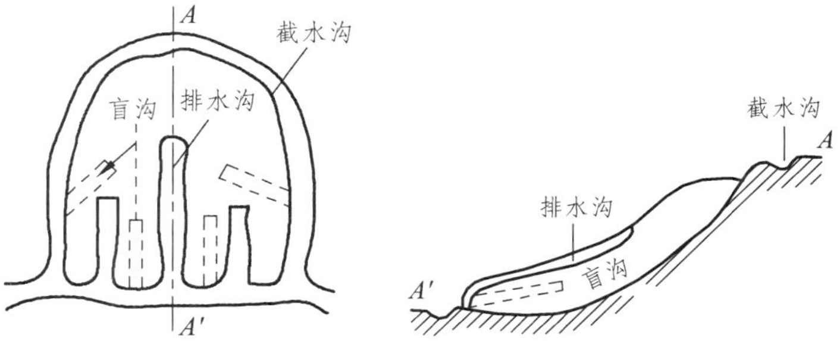

图 5-3-9　排除滑坡地表水和地下水示意图

（2）冲刷防护。

为了防止河水、库水对滑坡体坡脚的冲刷，可采用的主要工程措施有：构筑护坡、护岸、护堤，在滑坡前缘抛石、铺设石笼等防护工程或导流构造物，如图 5-3-10 所示。

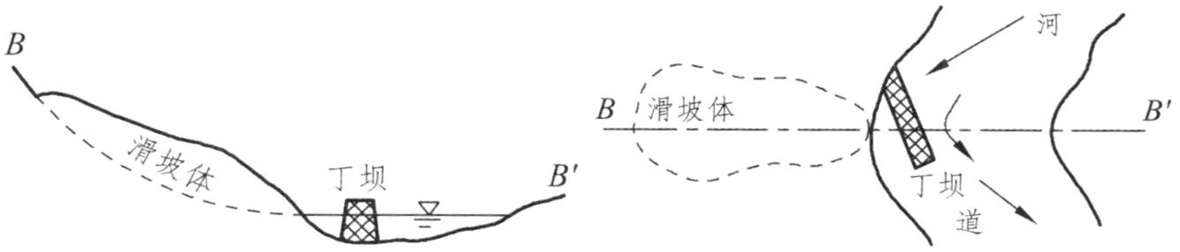

（a）平面图　　（b）剖面图

图 5-3-10　河岸防护堤示意图

（3）减重和反压。

对推移式的滑坡，在上部主滑地段减重，常起到根治的效果。对其他性质的滑坡，在主滑地段减重也能起到减小下滑力的作用。减重一般适用于滑坡床为上陡下缓、滑坡后壁及两侧有稳定的岩土，不致因减重而引起滑坡向上和向两侧发展造成后患的情况。对于错落转变成的滑坡，采用减重使滑坡达到平衡，效果比较显著。有些滑坡的滑带土或滑坡体，具有御荷膨胀的特点，减重后使滑带土松弛膨胀，尤其是地下水浸湿后，其抗滑力减小，易引起滑坡。因此具有这种特点的滑坡，不能采用减重法。另外，减重后将增大暴露面，有利于地面水渗入坡体和使坡体岩石风化，这些不利因素应充分考虑。

在滑坡的抗滑段和滑坡体外前缘堆填土石加重，如做成堤、坝等，能增大抗滑力而稳定滑坡。但是必须注意只能在抗滑段加重反压，不能填于主滑地段，并且填方时，必须做好地下排水工程，不能因填土堵塞原有地下水出口，造成后患，如图 5-3-11 所示。

（a）

（b）

图 5-3-11　减重和反压

（4）修筑支挡工程。

因失去支撑而引起滑动的滑坡，或滑坡床陡、滑动可能较快的滑坡，采用修筑支挡工程的办法，可增加滑坡的重力平衡条件，使滑体迅速恢复稳定。支挡建筑物的工程有抗滑桩、抗滑挡墙、锚杆和锚固桩等。

抗滑挡墙：一般是重力式挡墙，挡墙的设置位置一般位于滑体的前缘；滑坡中、下部有稳定岩土锁口的，设置于锁口处；如滑坡为多级滑动，当推力太大，在坡脚一级支挡施工量较大时，可分级支挡。

抗滑桩：适用于深层滑坡和各类非塑性流滑坡，对缺乏石料地区和处理正在活动的滑坡，更为适宜。其特点是设桩位置灵活，施工简单，开挖面积小。抗滑桩布置取决于滑体的密实程度、滑坡推力大小及施工条件。在山区岩石边坡上，经常采用预应力锚索（杆）抗滑，如图 5-3-12 所示。

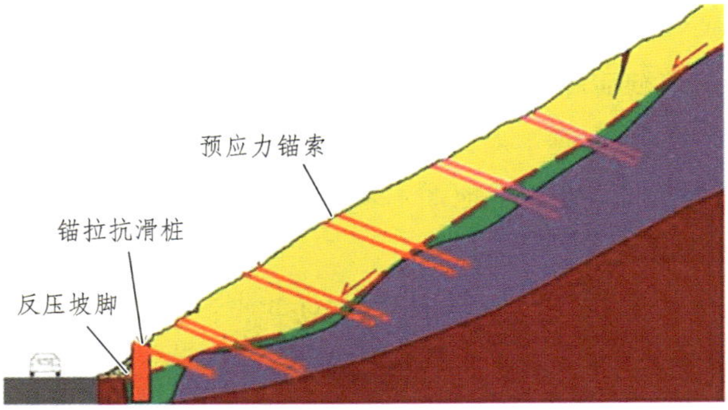

图 5-3-12　预应力锚索抗滑

锚（杆）索挡墙：近 20 年来发展起来的新型支挡结构，它可节约材料，成功地代替了庞大的混凝土挡墙。锚（杆）索挡墙，由锚杆、肋柱和挡板三部分组成。滑坡推力作用在挡板上，由挡板将滑坡推力传于肋柱，再由肋柱传至锚杆上，最后通过锚（杆）索传到滑动面以下的稳定地层中，利用锚（杆）索的锚固来维持整个结构的稳定，如

图 5-3-13 所示。

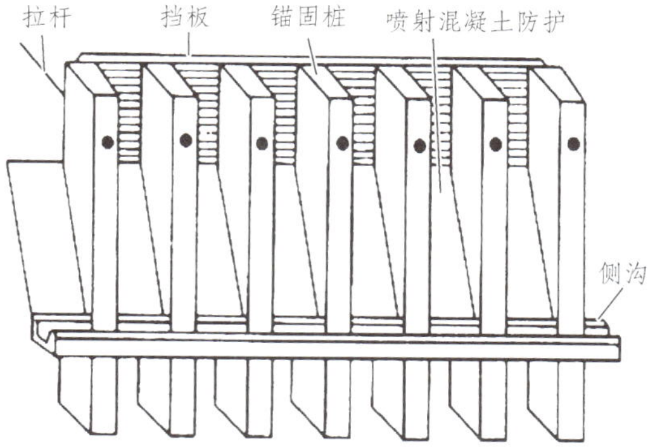

（a）

（b）

图 5-3-13　锚（杆）索挡墙

（三）泥石流

1. 防治原则

选线是泥石流地区公路设计的首要环节。选线恰当，可避免或减少泥石流危害；选线不当，可导致或增加泥石流危害。路线平面及纵面的布置，基本上决定了泥石流防治可能采取的措施。所以，防治泥石流首先要从选线考虑。

（1）高等级公路最好避开泥石流地区。在无法避开时，也应按避重就轻的原则，尽量避开规模大、危害严重、治理困难的泥石流沟，而走危害较轻的一岸或在两岸迂回穿插，如图 5-3-14 方案 4。如过河绕避困难或不适合时，也可在沟底以隧道或明洞穿过，如图 5-3-14 方案 1。

（2）当大河的河谷很开阔，洪积扇未达到河边时，可将公路线路选在洪积扇淤积范围之外通过，如图 5-3-14 方案 3。这时路线线型一般比较舒顺，纵坡也比较平缓，但可能存在洪积扇逐年向下延伸淤埋路基，大河摆动使路基遭受水毁等问题。

（3）路线跨越泥石流沟时，首先应考虑从流通区或沟床比较稳定、冲淤变化不大的堆积扇顶部用桥跨越。但应注意这里的泥石流搬运力及冲击力最强，还应注意这里有无转化为堆积区的趋势。因此，要预留足够的桥下排洪净空，如图 5-3-14 方案 1。

（4）如泥石流的流量不大，在全面考虑的基础上，路线也可以在堆积扇中部以桥隧或过水路面通过。采用桥隧时，应充分考虑两端路基的安全措施。这种方案往往很难克服排导沟的逐年淤积问题，如图 5-3-14 方案 2。

（5）通过散流发育并有相当固定沟槽的宽大堆积扇时，宜按天然沟床分散设桥，不宜改沟归并。如堆积扇比较窄小，散流不明显，则可集中设桥，一桥跨过。

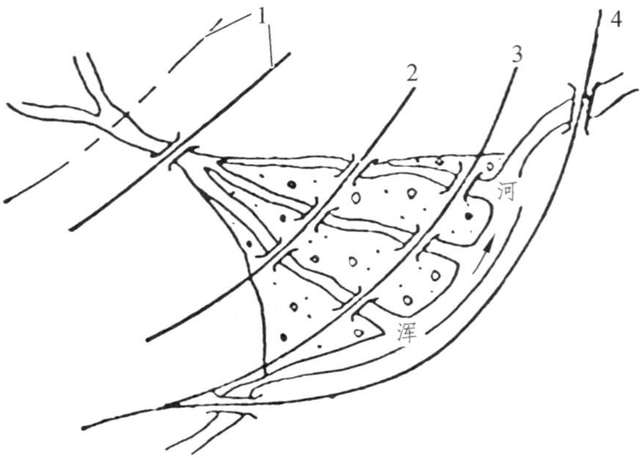

1—靠山做隧道方案或以桥通过沟口；2—通过堆积区；3—沿堆积区外缘通过；4—跨河绕避。

图 5-3-14　公路跨越泥石流沟位置方案选择

2. 防治方法

对于防治泥石流，常采用多种措施相结合的方法，比用单一措施更为有效。

（1）泥石流沟口通常是发生灾害的重要地段。在应急调查时，应该加强对沟口的调查，仔细了解沟口堆积区和两侧建筑物的分布位置，特别是新建在沟边的建筑物。

（2）调查了解沟上游物源区和行洪区的变化情况。应注意采矿排渣、修路弃土、生活垃圾等的分布，在暴雨期间可能会形成新的泥石流物源。

（3）如果民居建于泥石流沟边，当上游滑坡堵沟溃决时，非常危险。地质灾害高发区房屋的调查要按照“以人为本”的原则，针对地质灾害高发区点多面广的难题，集中力量对有灾害隐患的居民点或村庄的房屋开展调查。

3. 防治措施

对泥石流病害应进行调查，通过访问、测绘、观测等获得第一手资料，掌握其活动规律，有针对性地采取预防为主、以避为宜、以治为辅，防、避、治相结合的方针。泥石流的治理要因势利导、顺其自然、就地论治、因害设防和就地取材，充分发挥排、挡、固防治技术有效联合的特殊作用。

（1）水土保持工程。

在形成区内，可通过封山育林、植树造林、平整山坡、修筑梯田等修筑排水系统及山坡防护工程。水土保持虽是根治泥石流的一种方法，但需要一定的自然条件，周期也较长，一般应与其他措施配合进行。

（2）拦挡工程。

拦挡工程识指在中游流通段，用以控制泥石流的固体物质和地表径流，用于改变沟床坡降，降低泥石流速度，以减少泥石流对下游工程的冲刷、撞击和淤埋等危害的工程设施。拦挡措施有拦挡坝、格栅坝、停淤场等，如图 5-3-15 所示。拦挡坝适用于沟谷的中上游或下游没有排沙或停淤的地形条件且必须控制上游产沙的河道，以及流域来沙量大，沟内崩塌、滑坡较多的河段。格栅坝适用于拦截流量较小、大石块含量少的小型泥石流。

（a）

（b）

图 5-3-15　拦挡坝

（3）排导工程。

在泥石流下游设置排导措施，能使泥石流顺利排除，其作用是改善泥石流流势、增大桥梁等建筑物的泄洪能力，使泥石流按设计意图顺利排泄。排导工程包括渡槽、排导沟、导流堤等，如图 5-3-16 所示。其中，排导沟适用于有排沙地形条件的路段，其出口应与主河道衔接，出口标高应高出主河道 20 年一遇的洪水水位。渡槽适用于排泄量小于 30 m^3/s 的泥石流，且地形条件应能满足渡槽设计纵坡及行车净空要求，路基下方用停淤场地等。

（a）

（b）

图 5-3-16　排导沟

（4）跨越工程。

桥梁适用于跨越流通区的泥石流沟或洪积扇区的稳定自然沟槽，隧道适用于路线穿过规模大、危害严重的大型或多条泥石流沟，如图 5-3-17 所示。隧道方案应与其他方案作技术、经济比较后确定。泥石流地区不宜采用涵洞，在活跃的泥石流洪积扇上禁止使用涵洞。对于三、四级公路，当泥石流规模不大、固体物质含量低、不含有较大石块，并有顺直的沟槽时，方可采用涵洞；过水路面适用于穿过小型坡面泥石流沟的三、四级公路。

（a）

（b）

图 5-3-17　跨越工程

（5）防护工程。

防护工程指对泥石流地区的桥梁、隧道、路基及其他重要工程设施，修建一定的防护建筑物，用以抵御或消除泥石流对主体建筑物的冲刷、冲击、侧蚀和淤埋等的危害。防护工程主要有护坡、挡墙、顺坝和丁坝等。

（四）岩　溶

1. 岩溶地区路线布线原则

在岩溶地区选线，要想实现完全绕避是不可能的，尤其是在我国中南和西南岩溶分布十分普遍的地区，更不可能。因此，宜按“认真勘测、综合分析、全面比较、避重就轻、兴利防害”的原则选线。根据岩溶发育和分布规律，应注意以下几点：

（1）在可溶性岩石分布区，路线应选择在难溶岩石分布区通过。

（2）路线方向不宜与岩层构造线方向平行，而应与之斜交或垂直通过。

（3）路线应尽量避开河流附近或较大断层破碎带，不可能绕避时，宜垂直或斜交通过。

（4）路线应尽量避开可溶性与非可溶性岩或金属矿产的接触带，因为这些地带往往岩溶发育强烈，甚至岩溶泉成群出露。

（5）岩溶发育地区选线，应尽量在土层覆盖较厚的地段通过，因为一般覆盖层可起到防止岩溶继续发展，增加溶洞顶板厚度和使上部荷载扩散的作用。但应注意覆盖土层内有无土洞的存在。

（6）桥位宜选在难溶岩层分布区或无深、大、密的溶洞地段。

（7）隧道位置应避开漏斗、落水洞和大溶洞，并避免与暗河平行。

2. 防治措施

岩溶地区对岩溶和岩溶水的处理措施可以归纳为疏导、跨越、加固、堵塞等方面，岩溶地区地形特点如图 5-3-18 所示。

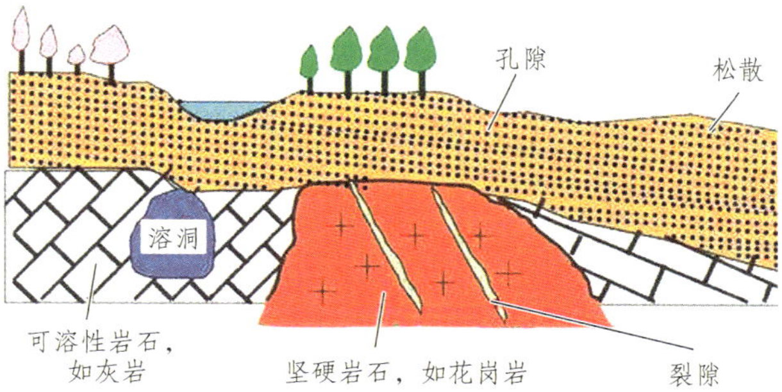

图 5-3-18　岩溶地区地形

（1）堵塞。

对基本停止发展的干涸的溶洞，一般以堵塞为宜，如用片石堵塞路堑边坡上的溶洞表面以浆砌片石封闭。对路基或桥基下埋藏较深的溶洞，一般可通过钻孔向洞内灌注水泥砂浆、混凝土、沥青等以提高其强度，如图 5-3-19 所示。

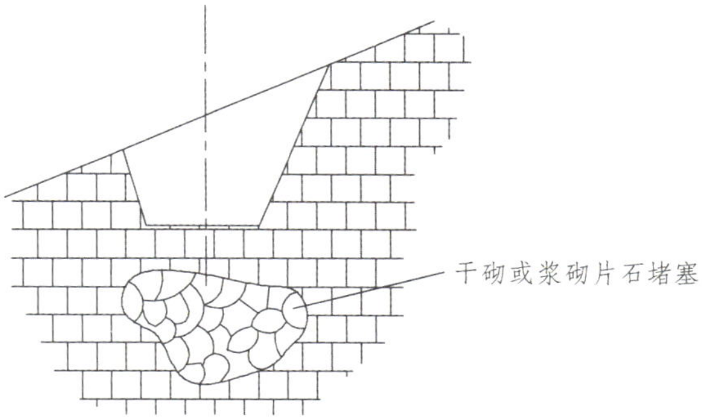

（a）

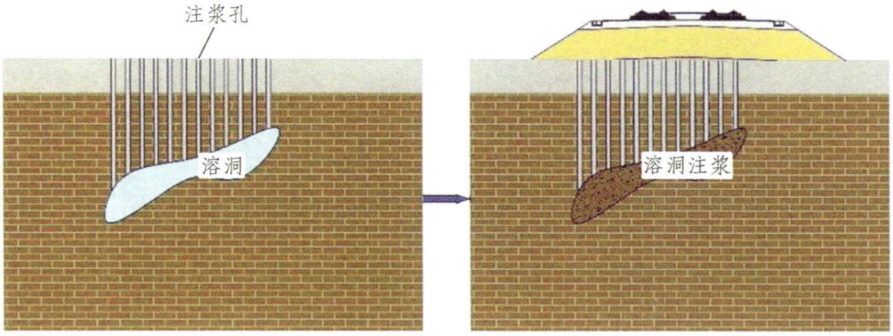

（b）

图 5-3-19　堵塞路基下的溶洞

（2）疏导。

对经常有水或季节性有水的空洞，一般宜疏不宜堵，应采取因地制宜，因势利导的方法。路基上方的岩溶泉和冒水洞，宜采用排水沟将水截流至路基外。对于路基基底的岩溶泉和冒水洞，应设置集水明沟或渗沟，将水排出路基，如图 5-3-20 所示。

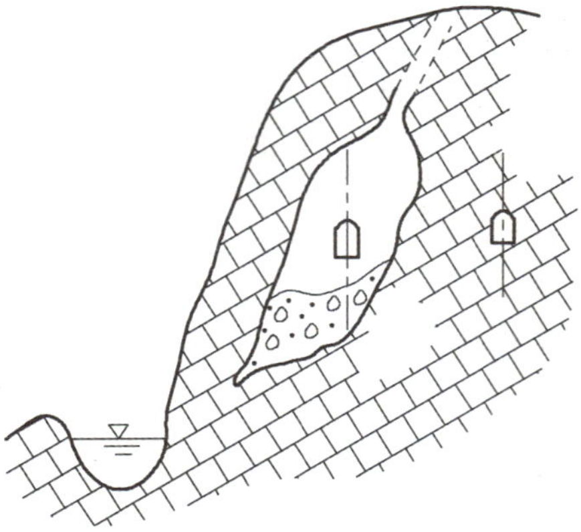

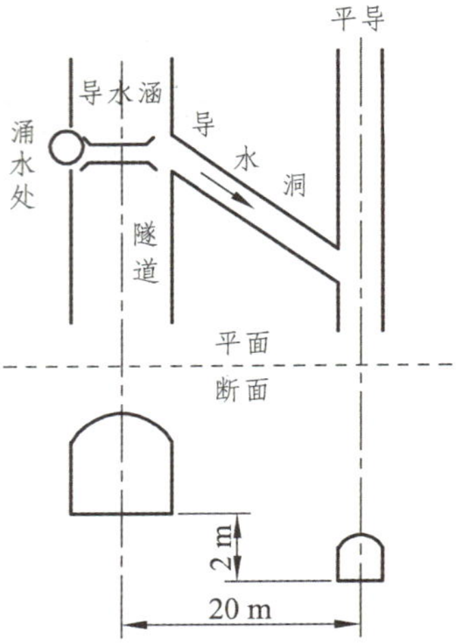

图 5-3-20　利用水平导坑排水

（3）跨越。

对位于路基基底的开口干溶洞，当洞的体积较大或深度较深时，可采用构造物跨越。对于有顶板但顶板强度不足的干溶洞，可炸除顶板后进行回填，或设构造物跨越，如图 5-3-21 所示。

图 5-3-21　天生桥隧道绕行

（4）清基加固。

为防止基底溶洞的坍塌及岩溶水的渗漏，经常采用加固方法。

① 洞径大，洞内施工条件好时，可采用浆砌片石支墙、支柱等加固。如需保持洞内水流畅通，可在支撑工程间设置涵管排水。

② 深而小的溶洞不能使用洞内加固办法时，可采用石盖板或钢筋混凝土盖板跨越可能的破坏区。

③ 对洞径小、顶板薄或岩层破碎的溶洞可采用爆破顶板用片石回填的办法。如溶洞较深或须保持排水的，可采用拱跨或板跨的办法。

④ 对于有充填物的溶洞，宜优先采用注浆法、旋喷法进行加固，不能满足设计要求时宜采用构造物跨越。

⑤ 如需保持洞内流水畅通时，应设置排水通道。

隧道工程中的岩溶处理较为复杂。隧道内常有岩溶水的活动，若水量很小，可在衬砌后压浆以阻塞渗透；对成股水流，宜设置管道引入隧道侧沟排除；水量大时，可另开横洞（泄水洞）；长隧道可利用平行导坑（在进水一侧），以截除涌水。

在建筑物使用期间，应经常观测岩溶发展的方向，以防岩溶作用继续发生。

（五）地　震

1. 平原地区路基防震原则

（1）尽量避免在地势低洼地带修筑路基。尽量避免沿河岸、水渠修筑路基，不得已时，也应尽量远离河、水渠。

（2）在软弱地基上修筑路基时，要注意鉴别地基中可液化砂土、易触变黏土的埋藏范围与厚度，并采取相应的加固措施。

（3）加强路基排水，避免路侧积水。

（4）严格控制路堤压实，特别是高路堤的分层压实，尽量使路肩与行车道部分具有相同的密实度。

（5）注意新老路基的结合。旧路加宽时，应在旧路基边坡上开挖台阶，并注意对新填土的压实。

（6）尽量采用黏性土做填筑路堤的材料，避免使用低塑性的粉土或砂土。

（7）加强桥头路堤的防护工程。

2. 山岭地区路基防震原则

（1）沿河路线应尽量避开地震时可能发生大规模崩塌、滑坡的地段。在可能因发生崩塌、滑坡而堵河成湖的地区，应估计其可能淹没的范围和溃决的影响范围，合理确定路线的方案和标高。

（2）尽量减少对山体自然平衡条件的破坏和自然植被的破坏，严格控制挖方边坡高度，并根据地震烈度适当放缓边坡坡度。在岩体严重松散地段和易崩塌、易滑坡的地段，应采取防护加固措施。在高烈度区岩体严重风化的地段，不宜采用大爆破施工。

（3）在山坡上宜尽可能避免或减少半填半挖路基，如不可能，则应采取适当加固措施。在横坡陡于 1∶3 的山坡上填筑路堤时，应采取措施保证填方部分与山坡的结合，同时应注意加强上侧山坡的排水和坡脚的支挡措施。在更陡的山坡上，应用挡土墙加固，或以栈桥代替路基。

（4）在大于等于 7 度烈度区内，挡土墙应根据设计烈度进行抗震强度和稳定性的验算。干砌挡土墙应根据地震烈度限制墙的高度。浆砌挡土墙的砂浆标号，较一般地区适当提高。在软弱地基上修建挡土墙时，可视具体情况采取换土、加大基础面积、采用桩基等措施，同时要保证墙身砌筑、墙背填土夯实与排水设施的施工质量。

3. 桥梁防震原则

（1）勘测时查明对桥梁抗震有利、不利和危险的地段，按照避重就轻的原则，充分利用有利地段选定桥位。

（2）在可能发生河岸液化滑坡的软弱地基上建桥时，可适当增加桥长、合理布置桥孔，避免将墩台布设在可能滑动的岸坡上和地形突变处，并适当增加基础的刚度和埋置深度，提高基础抵抗水平推力的能力。

（3）当桥梁基础置于软弱黏性土层或严重不均匀土层上时，应注意减轻荷载、加大基底面积、减少基底偏心、采用桩基础。当桥梁基础置于可液化土层时，基桩应穿过可液化土层，并在稳定土层中有足够的嵌入长度。

（4）尽量减轻桥梁的总重量，尽量采用比较轻型的上部构造，避免头重脚轻。对振动周期较长的高桥，应按动力理论进行设计。

（5）加强上部构造的纵横向联结，加强上部构造的整体性。选用抗震性能较好的支座，加强上、下部的联结，采取限制上部构造纵、横向位移或上抛的措施，防止落梁。

（6）多孔长桥宜分节建造，化长桥为短桥，使各分节能互不依存地变形。

（7）用砖、石圬工和水泥混凝土等脆性材料修建的建筑物，抗拉、拉冲击能力弱，接缝处是弱点，易发生裂纹、位移、坍塌等病害，应尽量少用，并尽可能选用抗震性能好的钢材或钢筋混凝土。

习 题

（1）重力式挡墙主要用于整治（　　）。

A. 崩塌　　B. 岩堆　　C. 滑坡　　D. 落石

（2）对于中等规模，频繁发生的崩塌线路通过时，主要采取（　　）的措施。

A. 明洞　　B. 拦石墙　　C. 拦石网　　D. 绕避

（3）对正在发育的大中型岩堆，线路通过时最好采取（　　）的措施。

A. 绕避　　B. 修路堑　　C. 修路堤　　D. 半堤半堑

（4）泥石流防治中最主要的手段是（　　）。

A. 排导槽、栏碴坝和明洞渡槽　　B. 丁坝

C. 泄洪渠　　D. 种植植被

（5）分布最广的可溶性岩石是（　　）。

A. 碳酸盐类岩石　　B. 硫酸盐类岩石

C. 岩盐类岩石　　D. 钙质胶结类岩石

习题答案

参考文献

[1] 姜井山. 工程地质[M]. 北京：中国建筑工业出版社，2017.
[2] 周桂云. 工程地质[M]. 南京：东南大学出版社，2015.
[3] 中华人民共和国建设部.土的工程分类标准：GB/T 50145—2007[S]. 北京：中国计划出版社，2008.
[4] 中华人民共和国住房和城乡建设部. 工程岩体分级标准：GB/T 50218—2014[S]. 北京：中国计划出版社，2014.
[5] 中华人民共和国住房和城乡建设部. 冻土地区建筑地基基础设计规范：JGJ 118—2011[S]. 北京：中国建筑工业出版社，2011.